有趣的化学基础百科

# 原子、分子和化合物

## ATOMS MOLECULES AND COMPOUNDS

[美] 菲利普·曼宁　著

沈家豪　译

U0181956

上海科学技术文献出版社

Shanghai Scientific and Technological Literature Press

**图书在版编目（CIP）数据**

原子、分子和化合物／（美）菲利普·曼宁著；沈家豪译．
—上海：上海科学技术文献出版社，2024
ISBN 978-7-5439-8733-3

Ⅰ．①原… Ⅱ．①菲…②沈… Ⅲ．①化学—青少年
读物 Ⅳ．① O6-49

中国国家版本馆 CIP 数据核字（2023）第 002262 号

选题策划：张　树
责任编辑：苏密娅　姚紫薇
封面设计：留白文化

**原子、分子和化合物**
YUANZI、FENZI HE HUAHEWU
[美]菲利普·曼宁　著　沈家豪　译
出版发行：上海科学技术文献出版社
地　　址：上海市长乐路 746 号
邮政编码：200040
经　　销：全国新华书店
印　　刷：商务印书馆上海印刷有限公司
开　　本：650mm×900mm　1/16
印　　张：9.25
版　　次：2024 年 2 月第 1 版　2024 年 2 月第 1 次印刷
书　　号：ISBN 978-7-5439-8733-3
定　　价：38.00 元
http://www.sstlp.com

# 目　录

# 认识原子

理查德·费曼（Richard Feynman）喜欢玩邦戈鼓[①]，也喜欢解决难题。1986年，美国"挑战者号"航天飞机发射不久后发生爆炸，正是费曼证实是低温导致了火箭助推器的橡胶密封圈失效，由此找出了这一事故的原因。理查德·费曼是20世纪最伟大的理论物理学家之一，诺贝尔物理学奖得主。他花费了大量心血研究原子，可以说是当时世界上最了解原子的人之一。在《费曼讲物理：入门》一书中，他对原子做了以下论述：

如果天降大灾，一切科学知识都将被毁，只能有一句话可以留给下一代，那么怎样才可以用最少的语言包含最多的信息呢？我认为应该是原子假设（或原子事实，又或者其他类似的说法）：万物皆由原子构成，原子是处于永恒运动中的微小粒子，不同原子间有一定间隔，间隔稍远时相互吸引，稍近时相互排斥，从而避免碰撞。

---

① bongons，用手指弹奏的古巴小型鼓。

费曼说对了，他所说的"微小粒子"道出了有关原子的一个基本事实：原子非常小——小到一茶匙水里面就有大约 500 000 000 000 000 000 000 000 个原子。这么大的数字很难处理，不信的话你可以用它除以 63，看看有多难算清楚。考虑到计算原子个数时会遇到非常大的数字，而计算其大小时又会遇到非常小的数字，化学家们开始使用科学记数法。

科学记数法使用指数来记数。举个例子，1 000 等于 $10 \times 10 \times 10$，或者 $10^3$，1 后面有 3 个零，科学记数法中 10 的指数也是 3。以此类推，10 000 后面有 4 个零，用科学记数法表示就是 $10^4$。非 10 的整数倍同样适用以上规则，比如 1 360 就是 $1.36 \times 10^3$。这样，一茶匙水中原子的数量就很容易表示了：$5 \times 10^{23}$。

在表示非常小的数字时，用科学记数法也很方便。0.1 等于 1/10 或者 $10^{-1}$。铝原子的半径是 0.000 000 000 143，使用科学记数法来表示，这一距离就可以书写为 $1.43 \times 10^{-10}$，这样就节省更多空间。我们从这个数也可以看出来，原子的确是非常小的"细小粒子"。

我举个例子来说明原子到底有多小，其数量又到底有多大。先倒一杯水，在脑海里想象给每一个原子贴上标签，再把这杯水倒入海里。接下来这一步比较难，想象一下把海水搅匀，让贴了标签的原子均匀分布在海里，就好像冲泡果汁粉的时候搅拌均匀那样。接下来再用杯子舀一杯海水，那么你会舀到贴了标签的原子吗？答案是会！事实上，你会舀到数百万个原子。把地球上所有海里的水都装在杯子里，总杯数也远远没有随便一杯水里的原子数多。你可能会觉得难以置信，但事实的确如此。

## 原子的早期历史

历史上第一个写下有关"细小粒子"观点的人是两千多年前的希腊哲学家德谟克利特（Democritus）。比起科学性，德谟克利特的"细小粒子"理论更偏向哲学性，他认为，一切物质都由微粒构成。这些微粒在今天被称为原子，正是源于希腊单词"atomos"，意思是"不可分割"。德谟克利特有关物质的理论在其后十几个世纪里一直为人们所认同，这个理论中大部分是正确的，但也有错误的部分，其中之一就是关于原子的类型。他认为所有原子质量相同，但可以变换形态，而万物之间的差异，比如硫和铁之间的不同，是因为原子的形状及其排列的方式不一样。

现在，化学家们知道事实并非如此，他们已经发现了自然形态不同且化学性质相异的原子共有98种。这一知识的获得主要归功于英国人约翰·道尔顿（John Dalton，1766—

1844）。道尔顿生于贵格会家庭，作为贵格会教徒，他生活简朴，循规蹈矩，但却极其聪明，还未满12岁就开始在学校教书，一直到离世。道尔顿教了一辈子书，也做了一辈子研究，人们普遍认为他的研究对科学进步有着至关重要的作用。因此，这位谦逊的科学家声名远扬，离世之后有四万人参加了他葬礼。

除了化学和物理，道尔顿还对色盲症进行了研究，因为他本人就深受其苦，但道尔顿最为人所知的还是他在19世纪早期所做的研究。他发现物质总是以一定比例结合在一起，比如一定质量的氧总是和一定质量的氢结合，从而生成可预测质量的水。这一规律被称为定比定律，道尔顿由此提出了第一个有关原子的科学理论：

1. 一切物质都由微小且不可分割的粒子构成，这些粒子被叫作原子。

2. 同种元素的所有原子都相同。比如所有的氧原子都一样，所有的氢原子也一样。

3. 不同元素的原子不同。氧原子和氢原子就存在很多不同之处，包括质量。

4. 化合物是由两种或两种以上元素结合在一起而形成的。形成化合物时，不同元素以整数比结合，如1∶1，2∶1，3∶2等。在水中，每一个氢原子与两个氧原子结合，因此水就是一种氢原子和氧原子的个数比例为2∶1的化合物。

　　正如德谟克利特一样，道尔顿的理论中的大部分也是正确的，但他把原子定义为不可分割的粒子这一点很快就被推翻了。

## 色盲

　　约翰·道尔顿小时候给他妈妈买了一双亮红色的长筒袜，这让他的母亲十分惊诧。她的母亲是一位忠实的贵格会教徒，而贵格会女性穿着一向朴素，她们喜欢穿中性色的衣服。道尔顿对此是知情的，但在他眼里，他买的长筒袜就是色彩比较暗淡的。后来，他被诊断出患有色盲症。色盲是一种非常普遍的色觉障碍，多发于男性。大约十二分之一的男性患有部分色盲或全色盲。道尔顿是最早认识和研究这种现象的科学家之一。他认为色盲是由眼球中的液体变色引起的，但后来的研究表明这一观点并不成立。色盲是因为眼球中某些感光细胞对某些颜色缺乏敏感性。尽管道尔顿的观点并不成立，但他对这一问题的早期研究使得人们在最终了解色盲上发挥了重要作用。道尔顿对色盲研究做出了极大贡献，因此色盲也被称为道尔顿症，该词沿用至今。

## 原子模型的提出

19世纪初，科学表演成为一件受欢迎的新鲜事。演讲者辗转在一个又一个城镇，向观众卖弄最新的科学小装置，而那些能产生神秘莫测的五颜六色效果的装置往往能吸引最多的观众。其中最受欢迎的表演之一是这样的：一根玻璃管，抽空大部分空气，通电，五颜六色的图案就会出现在管子里，令人赏心悦目。蓝紫色的光流在空管子里延展，从带负电的阴极一直流向带正电的阳极。科学家们急切地想知道这些管子里到底发生了什么。年复一年，他们做了一个又一个实验，慢慢地积累了一些证据：

- 在阴极和阳极之间放一个固体物，阳极所在的管末会出现阴影，这表明光流是从阴极出发，并以直线的方式传播的。鉴于此，这些射线被称为阴极射线，而玻璃管则被称为阴极射线管（cathode ray tube, CRT）（图1.1）。
- 一名机智的实验者在阴极射线的路径上放了一个很小的桨轮，发现轮子转动了起来，这表明这些射线实际上是粒子。
- 在另一个实验中，射线受磁场影响发生了偏转，这意味着射线是带电的粒子。

剩下没有回答的问题令人望而却步。这些粒子有多大？它们所携带的电荷有多大？另外最重要的是，它们是原子吗？约瑟夫·约翰·汤姆逊（Joseph John Thomson）回答了这些问题。汤姆逊是19世纪末著名的科学家，也是久负盛名的英国剑桥大学卡文迪许实验室的实验物理学教授。在一系列严谨的实验中，他开始对这些神秘射线进行表征。首先他发现电场中的阴极射线偏转时会远离带负电的金属板。根据同种电荷相互排斥、异种电荷相互吸引原理，汤姆逊推断这些射线所带的电荷一定为负。接着他又仔细测量了这些负电粒子在电磁场中偏转的程度，从而计算出粒子质量与电荷的比值。让他大吃一惊的是，这些粒子的质量电荷比是氢离子的质量电荷比的1/1 000（氢离子是失去一个电子的氢原子，带一个正电荷）。所以，阴极射线要么携带巨大的电荷，要么这些粒子比氢原子小得多，而氢原子已经是最小的原子了。

其他科学家们开展的研究也表明，阴极射线粒子的确比氢原子小得多，这让汤姆逊做出了一个惊世推断。1897年，他向世人宣布，阴极射线一定是原子的一部分。这可是个大新闻。在此之前所有的原子理论，追溯到古希腊的德谟克利特都认为原子是不可再分割的，而现在汤姆逊却说原子由更小的粒子组成。这些粒子很快就被命名为电子。

但这些微小的负电粒子是如何组成原子的呢？毕竟原子

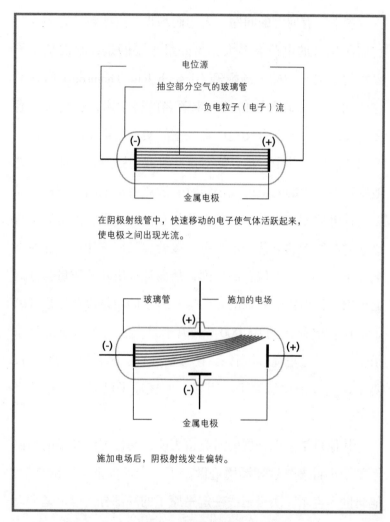

在阴极射线管中，快速移动的电子使气体活跃起来，使电极之间出现光流。

施加电场后，阴极射线发生偏转。

**图1.1    阴极射线管**

注：早期实验中使用阴极射线管来表征电子（上）。阴极射线（电子）在电（磁）场中发生偏转（下）。

## 约瑟夫·约翰·汤姆逊
## （1856—1940）

　　汤姆逊出生在英国曼彻斯特附近。他非常优秀，曾在剑桥大学三一学院就读。他在一次非常难的全校数学考试中获得了第二名。毕业四年后，他被任命为剑桥大学卡文迪许研究实验室的负责人。在汤姆逊的大力支持下，卡文迪许的研究员们对原子结构进行了至关重要的研究。他们中有七人最终获得了科学界的最高奖项——诺贝尔物理学奖。汤姆逊本人于1906年获得了诺贝尔物理学奖，还有许多其他科学荣誉。但令人惊讶的是，这位杰出的科学家和研究所负责人并不是实验室能手。"汤姆逊的手指不怎么灵巧，"他的一位助手说，"千万不要让他去使用仪器。不过他在探讨应采取何种方式来应对事态发展方面总能提供帮助。"

本身并不带电，要抵消电子的负电荷，那么在原子内其他地方一定存在正电荷。在发现电子七年之后，汤姆逊完善了他关于原子结构的理论。他说，原子是由电子组成的，而电子则分布在带正电荷的材料所构成的"汤"或者"云"里。电子在"汤"里的轨道上自由转动，其负电荷刚好抵消"汤"的正电荷。汤姆逊所描述的原子常常被刻画成一个球体，电子分散在其中非常像葡萄干分散在梅子布丁上那样。正是因为这样，人们才称之为"梅子布丁"原子模型（图1.2）。只不过后来，大家渐渐都不爱吃梅子布丁了。如果汤姆逊是在今天提出该原子模型，那大概会被称为"蓝莓松饼"模型，蓝莓就代表电子。

汤姆逊的原子模型源于他用阴极射线管所做的实验。该模型是理解原子结构之路上的里程碑，但这却并非是阴极射线实验所带来的唯一重大进步。一直到20世纪中期，全世界几乎每台电视机都离不开阴极射线管：电视台发出信号控

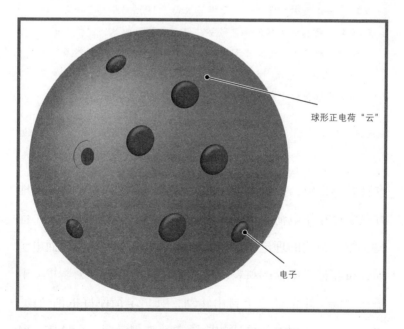

球形正电荷"云"

电子

**图1.2** 早期"梅子布丁"原子模型
注：在该模型中，电子分散在带正电的球形"云"中。

制电磁线圈，从而让阴极释放出的电子流发生偏转，当电子撞击涂有磷光材料的电视屏幕时，就会产生色点，从而形成屏幕上的画面。

## 改良的原子结构

"梅子布丁"原子结构风靡一段时间后，很快就被欧内斯特·卢瑟福（Ernest Rutherford）推翻。卢瑟福是汤姆逊最出色的学生之一，他在新西兰的乡村长大，这个地方离世界上的科学中心得有个十万八千里，本来他是不太可能成为一名科学家的。但上小学的时候，他对科学产生了兴趣，很快便如鱼得水，赢得了一个又一个奖学金，拿到了一个又一个学位，全部都跟物理或数学相关。29 岁的时候，卢瑟福的愿望实现了：他拿到了一笔研究生奖学金[①]，可以在剑桥大学学习。他选择了跟约瑟夫·汤姆逊一起在世界上最先进的物理实验室——卡文迪许实验室工作。

跟老师汤姆逊不同，卢瑟福是个老练的经验主义者。他

① 该奖学金为"1851 年博览会"科学奖学金。1850 年，英国维多利亚女王发起并组织首次世界贸易博览会，并由她的表弟和丈夫阿尔伯特亲王作为主席成立了"1851 博览会"皇家委员会。获得过该奖的包括：欧内斯特·卢瑟福、约翰·科克科罗夫特、威廉·彭尼等。

的装置常常是临时组装的，丝毫谈不上精致，却总能达到实验目的。他对放射性元素自发放出的粒子和射线做了研究，推断有两种不同的射线，并用希腊字母表的前两个字母"α"和"β"为其命名，极其简洁。从剑桥毕业之后，卢瑟福先后在加拿大以及汤姆逊的故乡曼彻斯特当物理学教授，继续研究放射性材料。在研究中，他发现了一种新元素：氡，并语出惊人，宣称放射性来自原子内部发生的转换，而这种转换使相关原子的本质完全改变。1908年，卢瑟福获得诺贝尔化学奖，他打趣说，虽然自己看到过许许多多放射性转换，但还没有哪一次比他自己从一个物理学家到化学家的转变还要快。

取得这些成绩的时候卢瑟福还不到40岁，但他最重要的成就还在后头。卢瑟福是一个充满奇思妙想的人，其中之一就体现在进一步研究汤姆逊提出的原子结构。他想看看，如果朝一张薄金箔上发射α粒子会发生什么。他知道α粒子比电子大得多，且携带正电荷，那么由带正电的"汤"与微小电子组成的"梅子布丁"原子就不能改变α粒子的路径，毕竟后者的能量更大。所以如果α粒子穿过金箔之后路径的确没有发生改变，那么这一实验就会让"梅子布丁"模型更具可信度。

卢瑟福的实验装置很简单：一个α粒子发射源、一张金箔以及一块粒子撞击时会短暂发光的监测屏（图1.3），但要做的事情却很枯燥：计算发光（在物理上又叫荧光）的次数，并纪录光在监测器上出现的位置。卢瑟福把这件苦差事交给了一个叫欧内斯特·马斯登（Ernest Marsden）的学生。在观察了成千上万次荧光之后，马斯登向卢瑟福报告说，有些粒子发生了大幅偏转，还有几个被直接弹回了放射源的方

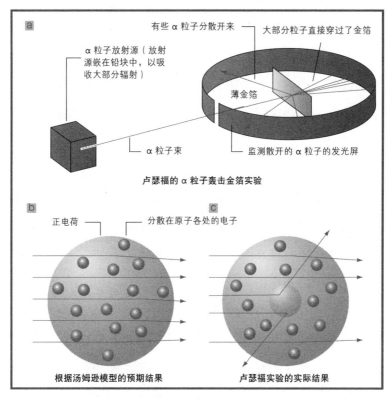

**图 1.3** 欧内斯特·卢瑟福的原子表征实验

注：最上方是卢瑟福对原子进行表征的实验原理图；左下角是假设汤姆逊的"梅子布丁"模型正确情况下的预期结果；右下角是实验的实际结果。部分粒子发生了偏转，说明原子内部有比电子能量更高的东西。

向。这让卢瑟福惊讶不已，他说这就好像朝着一张薄纸发射炮弹，结果有几颗炮弹居然被弹回来了。显然，金原子里有着比电子能量更高的东西，正是这个东西让 α 粒子受到冲击之后改变了方向。

这一实验完全推翻了"梅子布丁"原子模型。那么原子的结构到底是怎样的呢？卢瑟福分析道，唯一能让 α 粒子往回弹的原因就是金原子有密集的正电荷。这样，在正面相撞时，正电荷就会强烈排斥带正电的 α 粒子。并且，由于发射的粒子中只有几个遭到了排斥，因此金原子的正电荷一定集中在一小块区域。后来，经过了更多的深思熟虑，更多的实验计算之后，卢瑟福宣布了他的新原子结构。他说，原子由原子核与电子组成，原子核非常小，带正电，电子比原子核更小，且绕原子核运动，带负电。原子核到底有多小呢？假设它是一颗玻璃弹珠，放在足球场的中线上，那么离它最近的电子可能在最上面的看台上。这样看来，原子内部似乎大部分都是空的。

卢瑟福的原子结构发表于1911年，这个结构与现存数据完全吻合，且与太阳系有异曲同工之处（图1.4）。自德谟克利特提出原子的存在两千年之后，科学家们终于知道了费曼所说的细小粒子长什么样。但不幸的是，还有一个问题没有解决。根据当时所知的物理学定律预测，一个带负电的电子如果围绕带正电的原子核运动，就会不断产生电磁辐射，

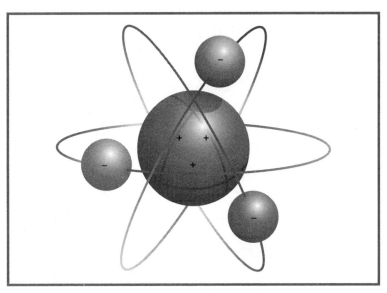

**图1.4　卢瑟福的原子模型**

注：在卢瑟福的原子模型中，带负电的电子围绕带正电的原子核运动，和行星围绕太阳的运动几乎一样。

从而使电子能量不断减少，盘旋下降，最后势必会撞进原子核里，根据这个物理定律，卢瑟福的原子不可能存在。

## 粒子、射线和波

科学家们在探索原子奥秘的同时，也对某些原子发出的辐射类型进行了分类。但是不同类型的辐射对应的名称有点混乱。威

廉·伦琴（Wilhelm Röntgen）将最早发现的射线称为X射线，他用未知量的数学符号来对其命名。阴极射线被卢瑟福称为β射线，但结果表明这根本不是射线，而是带负电的粒子，后来被称为电子。阿尔法辐射被证明是比电子质量大得多并带正电荷的粒子。

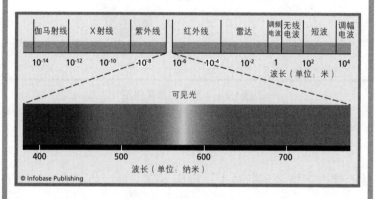

在卢瑟福给这两种射线命名后不久，人们发现了第三种射线。它被命名为伽马射线，伽马是希腊字母表中的第三个字母。这些名称可能会让人眼花缭乱，但实际上放射物的基本形式只有两种：电磁辐射和粒子。电磁辐射是纯能量，是没有任何质量的波。从高能伽马射线和宇宙射线，再到低能无线电波，这些都是电磁波。光谱可见部分的光线称为光波。阿尔法和贝塔辐射是具有质量和电荷的粒子。如果我们将氢原子的重量设置为1，将其离子上的电荷设置为+1，那么下表展示的则是20世纪初已知放射物的相应特性。

**表1.1 辐射种类**

| 辐射 | 重量 | 电荷 |
|---|---|---|
| 阿尔法 | 4 | +2 |
| 贝塔 | $5.4 \times 10^{-4}$ | −1 |
| 伽马 | 没有重量 | 电中性 |
| X射线 | 没有重量 | 电中性 |

第2章

# 量子模型

　　到了19世纪末，科学家们已经弄清楚了有关重力、运动、电、磁、声、光和热的基本定律。物理学家们可以预测行星的运转，计算光速，也了解热的本质。科学家和工程师们借助这些知识改变了世界，他们用火车取代了马车，用蒸汽机取代了人力。许多科学家们相信，宇宙就像装了发条的时钟一样，有其自身的运转规律。如果我们知道了宇宙中每一个粒子的位置、速度、质量以及电荷，就可以预测未来。从现在到未来，我们的世界就像时钟一样，一步一步，井然有序地发展。然而，到了20世纪初，"像时钟一样的宇宙"却开始慢慢不攻自破，原因在于出现了三个难以解释的现象。

　　首先是黑体问题。黑体是一个可以发出及吸收辐射的理想物体。受热时，黑体发出辐射的强度和能量都会增加。大部分固体物燃烧时，比如拨火棍，都非常接近黑体。当拨火棍在火中受热时，一开始颜色不会改变，但其热量会以红外辐射的方式散发出来。这种辐射你的眼睛看不到，但手却能感受到。这时候不管谁去摸一下拨火棍，都会大叫一声"啊"，若继续加热，拨火棍就会变成红色。这时候的辐射变得可见，是因为拨火棍正在发散更高能量的波，而这个波可以被我们的眼睛察觉到。所有黑体都是如此。正如图 2.1 所示，温度越高，黑体产生的辐射能量越高，强度也越大。

　　这个结果是科学家们在 19 世纪的一次实验中发现的，但当时麦克斯韦（James Clerk Maxwell）[①]的电磁学理论却无法对此做出解释。物理学家们绞尽脑汁也想不出一个方程式，可以验证黑体辐射中观察到的结果。当时最著名的理论之一认为，黑体由极小的振子组成，这些振子会产生连续的电磁波，就好像拨动小提琴的琴弦时产生的声波一样。但是，这一模型预测的波谱却跟实验数据并不十分吻合，而且在高能量的紫外光范围内，两者大相径庭。物理学定律的失效令科学家们百思不得其解，因此他们称这一事件为"紫外灾难"。

---

① 詹姆斯·克拉克·麦克斯韦是一位苏格兰物理学家，1871 年发表了关于电与磁定律的系统阐述。

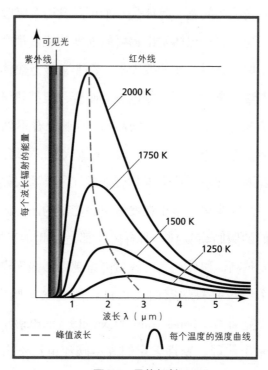

**图2.1 黑体辐射**

注：随着温度上升，黑体产生的辐射能量逐渐增加
（如X轴所示），强度也逐渐加大（如Y轴所示）。

另一个同样令人困惑的现象是光电效应。当单色光（或者说单一波长的光）照射在某些金属表面时，电子会从金属中被弹出。根据麦克斯韦的理论，光是一种电磁波，当光源离金属更近，冲击金属的电磁波强度就会增加，这就意味着更多的能量在撞击金属板。能量越多，弹出电子所带的能量也应该越高。但实验数据却与之不符，实际上，虽然更多电子被弹出金属，但不管光有多亮，电子的能量都没有发生变化。当时的物理学知识无法对此做出解释，也无法解释光电效应的其他现象。

紫外灾难和光电效应是19世纪物理学界所面临的两大难题，而欧内斯特·卢瑟福提出的原子结构则是第三大难题。卢瑟福认为，在原子中，带负电的电子围绕带正电的原子核旋转。当时的物理学预测该原子会发出辐射，导致电子失去能量，盘旋下降，栽进原子核里，因此理论预言卢瑟福的原子不可能存在。显然，人类需要新的科学知识来解释这三个反常现象。

# 量子飞跃

20世纪初的物理学们面临着诸多复杂难题，在解决这些难题的进程中扮演着突出角色的有三个人：马克斯·普朗克（Max Planck）、阿尔伯特·爱因斯坦（Albert Einstein）以及尼尔斯·玻尔（Niels Bohr）。他们三人都是诺贝尔奖得主，给科学带来了革命，对科学的发展做出了不可磨灭的贡献。在这三个人当中，最让人匪夷所思的是马克斯·普朗克。作为柏林大学的物理学教授，普朗克一心想找到一个数学公式来解释黑体辐射波谱，从而解决"紫外灾难"这一难题。

虽然历史学家研究了导向量子力学科学突破的这段历史，但没人能百分之百确定，当普朗克想出那个彻底改变了物理学等式的时候，他训练有素的脑袋里到底在想什么。他尝试过多种方法来解决黑体问题，但无一成功。最后，一个想法浮现在他脑海中，这个想法跟当时所有已建立的物理学概念相违背：如果能量并不是连续的会怎样？如果黑体吸收和辐射的能量是一小份一小份的又会怎样？他写下了脑海中的等式：

$$E = nhf$$

其中 $E$ 代表黑体中振子的能量，$n$ 代表振子的数量，$f$ 代表振子的频率，而 $h$ 则是常数：$6.6 \times 10^{-34}$ 焦耳·秒，后来被命名为普朗克常数。该常数非常小，用小数来表示就是这样：

0.000 000 000 000 000 000 000 000 000 000 000 66

的确很小对吧？

当普朗克用这个关系式来计算黑体辐射的波谱时，得到的结果跟实验数据完全吻合。更重要的是，他发现了量子力学。黑体发出的能量并不是连续的，而是以极小且不可再减少的"能量包"或者说量子的形式发散的（"量子"

一词由普朗克自创），且量子数与发出辐射的振子的频率成正比。

1900 年 12 月，普朗克在德国物理学会的例会上阐述了自己对"紫外灾难"的解决办法，但是没有人意识到这一突破意味着什么，也许连普朗克本人都没有意识到。大家都觉得他的等式在数学上行得通，也挺有意思，但并没有特别的物理学意义。

一个在瑞士专利局工作的年轻物理学家却密切关注着普朗克的成果，他的名字叫阿尔伯特·爱因斯坦。当时，爱因斯坦正在想方设法解释光电效应。那个时候，大家都知道光是一种连续波。但是在改进普朗克的计算之后，爱因斯坦猜测，或许光也是不连续的，它是以量子的形式传播，就好像黑体发出的电磁辐射一样。

爱因斯坦推断如果光是以离散"小包"的形式传播，那么把光源靠近金属，然后把光的亮度增加，就可以让更多的电子被弹出来，但单色光的"能量包"（后来被命名为光子）并没有发生改变，因此被弹出的粒子的能量也没有发生变化。这一推断与科学家们从实验中得到的结果完全一致。由此，爱因斯坦解释了光电效应，也证明了光的量子性质。

# 量子化原子模型

困扰20世纪早期物理学界的最后一个难题是欧内斯特·卢瑟福提出的原子结构。物理学家们知道卢瑟福的原子模型实际不可能存在，但也没人能想出一个比这更合适的模型。1912年，即将解决这个难题的人出现在英格兰曼彻斯特，开始在卢瑟福手下工作。卢瑟福自己曾在他老师汤姆逊手下做事，后来推翻了汤姆逊的"梅子布丁"原子模型，而现在，曼彻斯特新来的这个人：尼尔斯·玻尔，也将推翻卢瑟福的模型。玻尔为人们理解费曼的"细小粒子"做出了巨大的贡献。

在科学界，是金子就能发光。穷苦人家的孩子和锦衣玉食的孩子，都有可能在科学界独领风骚。例如，汤姆逊的父亲是曼彻斯特郊区的一个书商，卢瑟福来自一个跟科学界毫无关系的新西兰农村家庭，而玻尔则是"嘴里含着科学的金钥匙"出生。

玻尔来自丹麦的一个显赫科学世家，父亲是备受尊敬的生理学教授，母亲是一群知识分子的领头人，这些人经常聚在玻尔家，玻尔也因此获益。早在学生时代，他就在父亲的实验室做研究，还获得过一枚丹麦皇家科学文学院的金质奖章[1]。毕业之后，他去了剑桥，开始在汤姆逊手下做研究，后来又加入卢瑟福组内，那时正值卢瑟福发表他那不可能的原子结构一周年。在所有物理学问题中，玻尔最感兴趣的是：为什么绕核旋转的电子没有遵循物理学的定律？众所周知，异种电荷相互吸引，那么到底是什么阻止了带负电的电子栽进带正电的原子核内呢？

玻尔听说了普朗克和爱因斯坦所做的研究。他想，如果原子内电子的能量也不是连续的会怎样？如果这些能量只能取一定的值呢？如果原子是量子化的，就好像黑体振子和撞击金属板的光一样又会怎样？但这些设想的难点在于如何把量子理论应用到原子上。

在曼彻斯特的研究员任期结束之后，玻尔回到了哥本哈根，但他仍然继续思考有关原子的问题，并在研究氢原子的光谱时取得了突破。他发现氢原子在电流的作用下变得活跃起来，发出辐射，并以特定波长的辐射窄线呈现出来。玻尔利用一位瑞士教师约翰·巴耳末[2]（Johann Balmer）建立的氢原子光谱公式，提出了氢原子的新结构。

跟卢瑟福一样，玻尔也设想原子由一个极小的原子核以

---

[1]　1907年，玻尔以有关水的表面张力的论文获得丹麦皇家科学文学院的金质奖章。

[2]　约翰·巴耳末是瑞士数学教师，他于1885年提出了用于表示氢原子谱线波长的经验公式：$\lambda = \beta \dfrac{n^2}{n^2 - 4}$。

及电子组成，电子绕核运动，就像行星绕太阳旋转一样。但是，玻尔假定了每个电子只能有一定值的能量。举个例子，一个氢原子有一个电子、两个能级（氢原子实际上不止两个能级，但这里我们只考虑两个），该电子从光子中吸收能量，就能从低能级跃迁到高能级，反之，电子弹出光子，就能从高能级跃迁到低能级（图2.2）。并没有处于中间的能级。原子要么是基态，要么是激发态，在两种状态中即刻变换。

　　玻尔的假设解决了卢瑟福的原子结构问题。轨道中电子的能量是固定的，可以从一个能级跃迁到另一个能级。但电

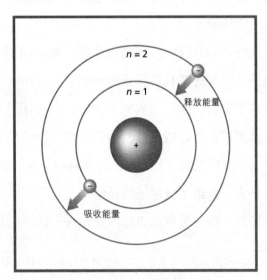

**图2.2　玻尔的原子模型**

注：通过弹出光子（释放能量），电子可以从高能级向低能级跃迁。反之，通过吸收能量，电子可以从低能级跃迁到高能级。

子不会释放出连续的辐射，从而盘旋下降栽进原子核里，这种现象在量子模型中不会存在。

利用玻尔的模型和普朗克常数，我们就可以计算出氢原子的电子在不同轨道运动的能量差。在上述只有两个轨道的系统中，当电子从能量较高的状态（$E_2$）跃迁到能量较低的状态（$E_1$）时，释放的辐射为 $E_2 - E_1 = hf$，其中 $h$ 是普朗克常数，$f$ 是辐射频率。

因为氢原子不止有两个能级，所以它释放的电磁辐射也不止一种频率，但玻尔的方程式可以解释氢原子的所有辐射。1913 年，玻尔发表了他的量子化原子结构，爱因斯坦称之为"最伟大的发现之一"。

氢原子是最简单的原子，由带正电的原子核以及一个带负电、绕核运动的电子组成。那氦原子的结构是怎样的呢？钠原子或其他质量更大的元素呢？玻尔知道他的原子理论必须囊括其他原子，为了解释其他原子的性质，他借用了一个最初由汤姆逊提出的概念：电子处于包裹原子核的壳里面。如果把原子看作洋葱，每一层洋葱皮就是一层壳。

利用这个概念，玻尔就可以一个电子接一个电子地建立他想象中的原子了。他从原子核开始，一层一层地添加电子。氢原子之后是氦原子，原子核带两个正电荷。氦非常稳定，不易失去或得到电子，所以玻尔估计氦原子的第一层能量壳中应该有 2 个电子，接着又断定第二层能量壳中有 8 个电子。就这样，玻尔把所有元素都囊括到了他的原子理论中来。图2.3为玻尔提出的钠原子结构。

　　虽然玻尔的理论对于解释原子的本质大有裨益，但依然存在一些问题。虽然科学家们可以用玻尔的模型计算氢原子的辐射光谱，但该模型却无法解释质量更大的原子的光谱。此外，它最大的问题在于缺乏坚实的理论基础。模型本身解释不了以下问题：什么决定了电子轨道的能量级别？为什么第一层能量壳只需要2个电子，而第二层需要8个？当一些科学家正在努力搞清哪些规律支配着玻尔的原子时，另外一

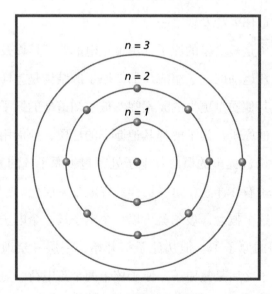

**图2.3　玻尔的钠原子模型**

注：外层能量壳中只有一个电子，该电子比其他电子更活跃，跟原子核的联系比其他电子更弱。

些科学家们则在着手解决另一个问题：光到底是波还是粒子？等到这个问题解决的时候，一个新原子结构将会取代玻尔的太阳系原子模型。

## 理论物理研究所

　　人类对量子力学的大部分理解都来自位于丹麦哥本哈根费莱德公园足球场附近的一座小楼。这座小楼建于1921年，是尼尔斯·玻尔的新理论物理研究所的所在地。这座研究所堪称"一块磁铁"，吸引着那些胸怀抱负的物理学家。首先出现的是后来的诺贝尔奖得主沃纳·海森堡。不久之后，乔治·伽莫夫也来了，这位爱玩的俄裔物理学家理清了为恒星提供动力的核反应。同样获得诺贝尔物理学奖的埃尔温·薛定谔也在此讲授了他全新的关于波的理论。沃尔夫冈·泡利也在，而他后来也因对量子力学的贡献获得了诺贝尔奖。这里的氛围并不严肃。乒乓球和西部牛仔电影是最受科学家们欢迎的放松方式。但这些人的确都是严肃的科学家，这群人钻研的是自艾萨克·牛顿提出运动和重力定律以来科学思维的最大转变。这里的气氛很融洽，但有时也很粗暴。当阿尔伯特·爱因斯坦在此与玻尔争论时，他同其他任何一位科学家没有区别：在爱因斯坦发表关于相对论演讲之后，少年沃尔夫冈·泡利站了起来。他说："你知道，爱因斯坦先生所说的并不那么愚蠢……"伟大的科学家们在研究所里来了又去；然而，不变的是——玻尔本人。他和蔼可亲、才华横溢，而且人缘很好。因此，在1965年玻尔生日时，理论物理研究所正式改名为"尼尔斯·玻尔研究所"，也就不足为奇了。

# 构建新原子

　　200多年前，一个叫托马斯·杨（Thomas Young）的年轻人为了确定光的本质开展了一系列实验，其中最重要的叫作"双缝实验"，图2.4为该实验的装置。光通过狭缝或一个小孔，再通过双缝，结果得到一个明暗相间的图案。当两条波的波峰重合，就会得到一条明亮的光带；当一条波的波峰和另一条波的波谷重合，就会得到一条暗淡的光带，因为两条波相互抵消了。但是，粒子既没有峰也没有谷，如果光是

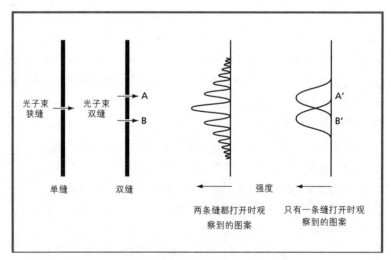

**图2.4　双缝实验**

注："双缝实验"证明了光是一种波。

粒子的话，这一干涉图样就不可能会出现。后来，麦克斯韦的理论又进一步强化了杨的实验结果。因此，在20世纪早期，科学家们都确信光是一种波。

但爱因斯坦是个例外。他在解释光电效应时所做的研究表明，光有时候表现得更像粒子。实际上，理解光电效应的关键就在于能量粒子，即光子，把电子从金属中弹了出来。这一矛盾促使爱因斯坦进一步思考光的本质。光能不能既是粒子又是波呢？

爱因斯坦对这一革命性想法非常谨慎，而且他当时正一门心思想弄清楚另一套革命性理念：相对论，因此对光的问题没有深究。在把相对论理清楚之后，爱因斯坦才回过头来研究量子力学的问题，并最终接受了这一令人难以接受的答案：光具有双重性质——它有时候像粒子，有时候又像波。

当物理学家们还在对光的双重性质这一概念左思右想时，一个年轻的法国人路易·德布罗意（Louis de Broglie）提出了一个更大胆的想法。如果光可以既是波又是粒子，那么电子呢？德布罗意猜测，事实上，所有物质，从电子到篮球，都既有波又有粒子的性质，根据他的方程式，只是在那些较大、人类能用肉眼看到的物体中，波的性质可以忽略不计。这就是为什么我们看到篮球朝篮筐飞去的时候走的是直线，而不是波动前行。但是，电子非常小，波的性质可以在其行为中发挥出重要作用。到这里为止，德布罗意没能进

# 爱因斯坦"奇迹年"

每年都有数以千计的科学论文发表，大多数论文很快就被丢进历史的垃圾桶。即使不堕入旧纸堆，这些论文也仅仅会被在同一领域工作的专业研究人员检索到。少数论文会改变科学的进程，而只有最优秀、最幸运的科学家才能在一生中拿出一篇这样的论文。但仅在1905年这一年中，阿尔伯特·爱因斯坦就发表了三篇这样的论文。

这些论文分别关于布朗运动、光电效应和狭义相对论。当非常细小的花粉颗粒与水混合时，这些颗粒并非在水中静止，而是以一种不稳定的、颤抖的方式移动。这种当时难以解释的效应被称为布朗运动。爱因斯坦论述道，布朗运动是分子碰撞造成的。这篇论文面世之后，便很少有人再怀疑分子的存在；而爱因斯坦的光电假说则展示了光的量子特性，揭示了它的粒子性质。而他的狭义相对论又使人们认识到所有的运动都是相对的，且无论光源相对于测量点的速度如何，光速都是一个绝对常数。他更是在后续的一篇论文中揭示了质量和能量之间的关系，并引出了最著名的方程式：

$$E = mc^2 。$$

这一年，的确是奇迹的一年——不仅仅是对爱因斯坦而言，更是对科学本身而言。

一步深化这一伟大的见解。深入研究这个问题的担子落到了一位才华横溢的奥地利物理学家埃尔温·薛定谔（Erwin

Schrödinger）身上。

读了德布罗意的文章还没过几周，薛定谔就推导出了他的波动方程。解出波动方程，就可以得到玻尔及其他人用来发展量子力学的离散能级。薛定谔利用波动方程，精确地预测了氢原子的光谱。这是一个巨大的突破，因为它为电子的不连续能级提供了理论依据，给予了量子力学此前缺失的坚实基础。另一名物理学家沃纳·海森堡（Werner Heisenberg）（后面会进一步谈到他）用一种完全不同的数学形式也得到了相似的方程式，但由于薛定谔的方程更易于理解，因此大部分物理学家都使用了薛定谔的方程。

几年后，美国的克林顿·戴维森（Clinton Davisson）和其晚辈雷斯特·革末（Lester Germert）证明了电子的波的性质，以及验证了托马斯·杨在对光进行实验时首次观察到的干涉图案。证实德布罗意所预测的波粒二象性的正确性，同时，英国的乔治·汤姆逊（George Thomson）也证明了这一现象。为了表彰他们的贡献，戴维森和乔治·汤姆逊于1937年共同获得诺贝尔奖。也许没有比汤姆逊父子俩共同得奖更能说明物质双重性质了：父亲约瑟夫·约翰·汤姆逊因为证明电子是粒子，在1906年获得了诺贝尔奖，儿子乔治·汤姆逊又因为证明电子是波，也获得了诺贝尔奖。

德布罗意对物质波粒二象性的预测深刻影响了科学家们对原子的认识。薛定谔波动方程让原子充满了可能性。我们

再也不能说电子在这里或在那里，原子里的电子可能在任何
地方，只不过在某些位置比其他位置更有可能。电子的不确
定性跟沃纳·海森堡的研究十分吻合。他认为，不确定是原
子世界的一大基本原理，我们不能同时精确预测粒子的位置
和动量。虽然海森堡著名的不确定性原理可以用多种方式表
述，但最常见的数学表达是：

$$\Delta p \times \Delta q \geq h/4p$$

在该方程式中，希腊字母 $\Delta$ 代表与粒子的动能 $p$ 及位
置 $q$ 相关的不确定性，$h$ 是普朗克常数，符号 $\geq$ 的意思是大
于或等于。因此，任何粒子动能的不确定性以及位置不确定
性二者的乘积，必定大于或等于普朗克常数除以 $4p$。幸好，
如上文所述，普朗克常数非常小，因此不确定性原理对我们
的日常生活没有明显影响，但它对于像原子一般大小的事物
来说非常重要。

原子的现代模型让人难以接受。电子既是波，也是粒
子，它们在原子中的位置充满了不确定性。即使你可以弄清
楚某个电子在哪里，也没办法精确知道它的动能是多少。这
正是具有先见之明的费曼教授所谈到的原子世界的陌生感，
他在《费曼讲物理：入门》一书中写道：

　　极小物体完全不像任何让你有直接经验的物
体。他们表现得既不像波，也不像粒子，既不像

云，也不像台球，既不像弹簧上的砝码，也不像
任何你曾经见过的东西。

当然，费曼又一次说对了。对我们这些"体积庞大"的
人类来说，微小粒子的量子力学世界看起来十分诡异，但量
子力学不仅完美地解释了原子的行为，而且预测了许多反常
现象，而这些现象后来都被证实的确存在。

使用量子力学，原子的许多特征都可以被推断出来。例
如，化学家们现在可以预测原子结合后形成的分子的形状
（第六章会对分子进行详细探讨），此外还成功预测了一种从
未被检测到的粒子的存在：正电子，也就是带正电的电子。
做出这一预测几年之后，实验物理学家们发现了该粒子。

不管多么奇异，量子世界的确就是原子世界。量子力学
为原子的探索提供了有力的工具，因此本书大部分篇章都是
利用这个工具来探索原子、分子及化合物的性质。

# 原子核

1945年7月16日，一颗强大的"人造太阳"在"三一点"（Trinity Site）诞生了。大火球照亮了美国新墨西哥州的沙漠，它的温度比真正太阳表面的温度还高出上万倍。这次爆炸是全世界最杰出的一群科学家多年努力的成果，这就是世界上第一颗原子弹，是原子核裂变之后切实可见、又令人恐惧万分的结果。

　　为了认识原子核，科学家们进行了长达数千年的研究，而这一惊人的景象正是这些研究的产物。对原子核的探索始于欧内斯特·卢瑟福，他曾用 α 粒子轰击金箔，并由此得出结论说，原子由两部分组成：一个极小，但质量重、带正电的原子核；环绕在原子核周围，比原子核更小、质量更轻的带负电的电子。每种元素的原子核都是独一无二的，铁有铁原子核，氧有氧原子核，因此，当时的科学家们认为整个宇宙都由电子和92种不同的原子核构成。但这一认识很快就发生了翻天覆地的变化。

## 质子的发现

　　有些科学家意识到，原子内部除了电子以外，还可能存在其他粒子。用阴极射线管所做的实验早已表明，有东西在朝着电子相反的方向移动。该粒子从带正电的阳极移动到带负电的阴极，这说明它带正电。经测量，人们发现它比电子质量重，但比 α 粒子轻。当时大部分科学家都相信这种新粒子是氢离子（失去了电子的氢原子）。

　　第一个证实氢离子是所有原子一部分的人是欧内斯特·卢瑟福。卢瑟福基本上涉足了所有有关原子的研究。到

1919年为止，他就已经发现了 α 射线、β 射线以及新元素氡，因对放射性元素的研究而获得了诺贝尔奖，不仅如此，他还证实了原子核的存在。1914年，卢瑟福被封为爵士，还有更多的发现和荣耀在等着他。

1917年，卢瑟福在进行一系列实验时发现，朝空气中射击 α 粒子会产生氢离子。为了找到这个氢离子的来源，他一次又一次地测试了空气的成分。最后，在朝纯氮中射击 α 粒子的时候，他发现在纯氢中产生的氢离子要比在普通空气中产生的更多，这令他惊奇不已。因为用来做实验的是纯氮，没有参杂氢元素，α 粒子中也没有氢。那么氢离子从何而来？答案只能是，在实验中卢瑟福把氮变成了氢，这一过程后来被叫作嬗变。

在接下来的几年里，卢瑟福和其他研究者们用 α 粒子轰击了各种各样的原子核：硼、钠以及其他元素，都得到了同一个结果——产生了氢原子核。这强烈表明，氢原子核从其他元素的原子核里被弹了出来。这就意味着氢离子存在于所有原子中。卢瑟福将其命名为质子，在希腊语中是"第一"的意思。

在卢瑟福一生的研究中，质子是他最后一个伟大的发现，但却不是他获得的最后一个荣耀。1931年，这个新西兰来的农村男孩被封为贵族，封号为"纳尔逊的欧内斯特勋爵"[1]（纳尔逊是卢瑟福的故乡）。六年之后，卢瑟福与世长辞，同时获得了最后一个荣耀：他被安葬在威斯敏斯特教堂，一同长眠于此的还有艾萨克·牛顿以及其他几位伟大的英国科学家。

虽然人们仍然相信原子由一个质量重、带正电的原子核以及绕核运动的电子组成，但不同点在于科学家们现在知道了质子也是原子核的组成部分。卢瑟福发现的质子虽然没有彻底改变人们对于原子的认识，但的确带来了一个问题。实验测量显示质子的电荷数跟电子相同，但方向相反：质子带正电，电子带负电。鉴于原子本身不带电，所以原子核内的质子数跟核外的电子数必须相等，而这就是问题所在。

跟氢原子质量最接近的原子是氦。氦原子的质量是氢原子的四倍，因此卢瑟福的新原子模型预测氦原子一定有四个质子。但众所周知，氦只有两个电子，四个带正电的质子加两个带负电的电子会让氦原子带两个正电荷，但事实上，氦跟其他一切元素一样都不带电。氢以外的所有元素都存在这样的问题。例如，铀的相对原子质量是氢原子的约238倍，但却只有92个电子。根据卢瑟福的模型，铀原子应该带146个正电荷，但实际上铀原子的正电荷为0。正如卢瑟福第一

---

[1]　英国的贵族爵位共有五等，依次为公爵（Duke）、侯爵（Marquis）、伯爵（Earl）、子爵（Viscount）和男爵（Baron）。除了公爵，所有贵族在普通场合可称为"××勋爵"（Lord "××"），和1914年卢瑟福被封为爵士有所区别。

次提出的原子结构模型一样，他此次所提出的只包含质子和电子的原子模型也不可能存在。

科学家提出了多个理论来解释卢瑟福的新原子结构，卢瑟福自己则推测还有另一种粒子潜藏在原子核内，这种粒子和质子质量相同，但不带电。这一粒子真正被发现则是在十多年之后了。

# 中子的发现

1917年，一个叫詹姆斯·查德威克（James Chadwick）的人高高兴兴地回到了英格兰。第一次世界大战爆发的时候，他正在德国访问，之后被囚禁于德国长达四年。恢复自由的他穷困潦倒，但保住了性命，还幸运地得到了之前的导师欧内斯特·卢瑟福的照顾。查德威克的主要工作是寻找中子——卢瑟福坚信原子核内存在一种中性粒子，并将其命名为中子。

查德威克用 α 粒子轰击各种物质，但每次都徒劳无功，经过多年的努力最终在1932年的实验中取得了突破。

伊雷娜·约里奥-居里（Irene Joliot-Curie）是表征放射性物质先驱、镭的发现者居里夫人（Madame Curie）的大女儿，她和丈夫曾报道过一次非同寻常的发现。早先有实验表明，用高能量的 α 粒子轰击铍，会发出强烈但呈电中性的辐射。科学家们认为这一辐射是高能量光子束伽马射线。约里奥–居里夫妇用这些神秘的铍射线轰击石蜡（蜡的一种），结果发现质子被弹了出来。

　　跟往常一样，科学家们对这一结果的解释是：辐射产生的光子把质子从石蜡里弹了出来。约里奥–居里夫妇对此也表示认同。因为石蜡富含氢元素，他们相信弹出的质子来源于石蜡中的氢。这一解释跟光电效应有些类似，在光电效应中，正是光子让电子从金属中被弹了出来。但是，当查德威克跟卢瑟福报道这一结果时，卢瑟福吼道："我不信！"

　　质子的质量是电子的 1 835 倍。卢瑟福完全不相信轻飘飘的光子有足够的能量，可以把质子那么重的粒子弹出来。这就好比朝炮弹扔一颗弹珠，还想着炮弹能动一下。的确，活跃的光子可以把轻得多的电子弹出来，但是弹不出质子。查德威克立马开始用图3.1所示的实验装置研究铍受辐射后发出的这些神秘射线。

　　之后，查德威克在英国杂志《自然》上发表了他的实验结果，题为"中子可能存在"（*Possible Existence of a Neutron*）。这篇文章篇幅很短，但堪称经典。查德威克在文中写到，高能量光子（伽马射线）不能把质子从原子核中弹出。

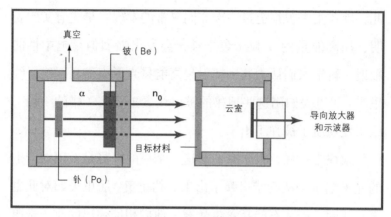

**图3.1　中子的发现**

注：詹姆斯·查德威克利用如上所示的装置发现了中子。钋元素发出的 $\alpha$ 粒子撞击铍样本后产生了中子（ $n_0$ ）。被弹出的中子撞击目标材料，比如石蜡，随后监测设备记录到质子被弹了出来。

他写道，如果能量守恒和动量守恒被抛弃了，约里奥－居里夫妇提出的光子理论就是真的。查德威克如此委婉地否定了约里奥－居里夫妇的解释，因为能量守恒定律和动能守恒定律毕竟是物理学的基石。他提出，他的实验结果以及约里奥－居里夫妇所报道的实验结果只有在这种情况下才有可能发生：铍发出的辐射由质量和质子相同，但不带电的粒子组成，也就是中子。

# 原子序数

在查德威克发现中子之后，科学家们知道了原子的三个组成部分：原子核内的质子和中子，以及绕核运动的电子。三个部分的质量与电荷如表3.1所示。化学家们根据原子的构成，逐渐发展起一套体系来描述各元素，用原子序数，即原子核内质子的数量来表示，常用符号为大写字母 $Z$。因此，对氢元素来说，$Z = 1$，对氦元素来说，$Z = 2$，以此类推。

原子及其组成部分的重量单位可以用千克表示，比如质子的重量是 $1.67 \times 10^{-27}$ 千克，但用原子质量单位来表示原子重量或质量更为方便。一个原子质量单位是含有6个质子、6个中子以及6个电子的碳原子质量的1/12，因此氢原子的原子质量单位大约为1。在书写方式中，原子序数作为下标，原子质量作为上标，两者都放在原子符号的前面。因此上述碳原子的形式为 $^{12}_{6}C$。

**表3.1　原子各组成部分的性质**

| 粒子 | 电荷（E单位） | 质量（千克） | 质量（原子质量单位） |
|---|---|---|---|
| 电子 | −1 | $9.109 \times 10^{-31}$ | 0.000 549 |
| 质子 | +1 | $1.673 \times 10^{-27}$ | 1.007 28 |
| 中子 | 0 | $1.675 \times 10^{-27}$ | 1.008 67 |

　　瞟一眼元素周期表（第五章会对其进行详细阐述），你就会看到很多元素的上下标并不像碳元素那样整整齐齐，例如，铁元素的原子质量为55.845，原子的质子或中子可以是小数吗？当然不可以。元素的质子数是确定的，因为质子的数量决定了元素的种类，但某一元素原子核里的中子数却是可以变化的，例如，碳元素有两种主要形式：碳12有6个质子和6个中子，碳14却有6个质子和8个中子。

　　同一元素的不同形式称为同位素。同位素的原子序数相同，但原子质量不同。铁元素有多个同位素，按照它们在自然界中出现的频率来计算，铁元素的平均原子质量单位为55.845。举个简单的例子，如果一个元素只有两种同位素，其中一种的原子质量单位为10，另一种为12，如果这两种同位素出现的频率相等，那么该元素的平均原子质量就是11。如果在自然界中，该元素90%都是以原子质量单位为10的那种同位素形式出现，那么平均原子质量就是10.2，计算方法如下：

$$(10 \times 0.9) + (12 \times 0.1) = 10.2$$

　　利用这种新命名法，卢瑟福发现质子的核反应可以用以下方程式表示：

$$_{7}^{14}N + _{2}^{4}He \rightarrow _{8}^{17}N + _{1}^{1}H$$

　　从反应式中可以看出，氮原子核包含7个质子和7个中子，α粒子，也就是氦离子，有2个质子和2个中子。高能量撞击使这两个原子核聚合在一起，产生了一个罕见的氧同位素，它带有8个质子和9个中子，剩下还有一个质子则被弹了出来，而这个质子正是卢瑟福所检测到的粒子。

# 放射性

早在1902年，卢瑟福和他的同事——化学家弗雷德里克·索迪（Frederick Soddy）就已经意识到，如果某物质发出 α 射线和 β 射线，其性质就会发生改变。比如，铀元素的238号同位素会自发产生放射性衰变，射出 α 粒子，从而产生钍：

$$^{238}_{92}\text{U} \rightarrow {}^{234}_{90}\text{Th} + {}^{4}_{2}\text{He}$$

铅的210号同位素会射出 β 粒子，从而衰变为铋：

$$^{210}_{82}\text{Pb} \rightarrow {}^{210}_{83}\text{Bi} + e^-$$

除了这两种常见的放射现象，还有一些同位素在衰变时会射出中子，尤其是高度不稳定的同位素。同位素的不稳定程度可以通过半衰期来衡量，即该元素的原子核有半数发生衰变时所需的时间。比如，同位素A会衰变为同位素B，如果最开始有1 000个A原子，且A的半衰期为一天，那么24小时之后就会有500个A原子和500个B原子，再过一天就会有250个A原子和750个B原子。

如表3.2所示，不同元素的半衰期相差非常大。有些同位素很稳定，比如氮14，不会自发产生放射性衰变。但是，用高能量 α 射线轰击一个即使很稳定的元素，也会发生嬗变。卢瑟福就是通过轰击氮元素的稳定同位素产生了氢，从而发现了质子。

**表3.2　部分同位素及其半衰期**

| 元素 | 同位素 | 半衰期 |
|------|--------|--------|
| 氧 | $^{16}O$ | ∞ |
| 铀 | $^{238}U$ | 44.6亿年 |
| 碳 | $^{14}C$ | 5 715年 |
| 银 | $^{94}Ag$ | 0.42秒 |

同位素的半衰期可以帮助科学家们更好地了解我们的世界。基于铀元素的衰变率，科学家检测出地球上最古老的岩石有44亿年的历史；虽然碳元素的半衰期较短，对追溯岩石没有什么价值，但科学家们利用它将人类的手工艺品历史追溯到了5万年以前。尽管这个时候科学家们可以高度精确地测量几百种同位素的半衰期，但依然存在不少谜题。比如说，在铀元素样本中，有些原子今天或者明天就会发生衰变，但另一些看似毫无二致的原子可能几十亿年都不会发生任何变化。为什么会这样？无人知晓。

诸如此类的谜题不断吸引着年轻人投身科学事业，然而核物理往往让人望而却步。核电厂故障和原子弹让人心惊胆战，尽管如此，人类的确从对原子核的科学探索中获益颇丰。关于原子核的知识来之不易，现已被广泛应用于医药领域，从正电子发射断层扫描（PET）等影像检查到放射疗法，这些知识已经挽救了许许多多癌症患者的生命。

## 相聚、相离

到20世纪30年代，卢瑟福、玻尔以及其他科学家探索出来的原子结构已经回答了科学界在20世纪初面临的紧迫问题，但是他们的原子模型却还是有一个瑕疵。科学家们知道同种电荷相互排斥，且排斥力的大小取决于带电粒子之间的距离，距离越近，排斥力就越大。那么，氦原子的两个质子为何能共处于一个那么小的原子核中呢？它们为何没有产生排斥，相互飞离？又是什么让铀原子的92个质子结合在一起？

这些问题的答案直到1935年才出现。那一年，日本物理学家汤川秀树（Hideki Yukawa）提出，原子核被一种新作用力聚合在一起，这种力现在被称为核力。强作用力的作用范围很小，只有在两个粒子几乎挨在一起的时候才会产生作用，使之相互吸引，紧紧地聚合在一起，有一点像魔术贴。鉴于强作用力的确很强，因此分裂原子核需要非常多的能量，这一能量叫作结合能。元素越稳定，其原子内质子和中子（或统称核子）之间的结合能就越大。

凡是系统，都会趋向于最稳定的状态（也就是最低能耗的状态），这一趋势引发了一个重要的核现象。当质量轻的元素的原子核聚合在一起，新原子核的重量要小于原粒子的重量之和。从图3.2中可以看到，当两个质子和两个中子结合，形成一个氦原子核时，会失去一定的质量。这是因为整个系统降到了一个更稳定的状态，失去的质量以能量的形式释放出来，而释放出的能量是巨大的。事实上，正是聚合反应让星星发出了光芒。日光中的每一个光子最终都源于两个质子和两个中子聚合形成氦原子核时释放的能量。因此，聚合也许是宇宙中最重要的反应过程，有了聚合才有了生命。

理解了聚合，我们又有了另一个问题：如果原子核聚合在一起会释放能量，那早期原子弹的工作原理又是怎样的呢？在那些原子弹中，原子核并非聚合在一起，而是分裂，是被核裂变开来。这些原子弹的能量从何而来？一位在二战爆发前逃离了纳粹德国的杰出犹太科学家为这一问题的答案做出了重要贡献。

莉泽·迈特纳（Lise Meitner）是一位物理学家，出生于

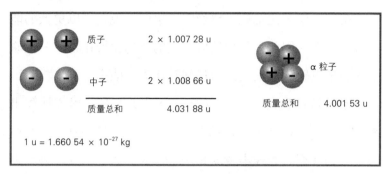

| | | |
|---|---|---|
| 质子 | 2 × 1.007 28 u | |
| 中子 | 2 × 1.008 66 u | α 粒子 |
| 质量总和 | 4.031 88 u | 质量总和    4.001 53 u |

1 u = 1.660 54 × 10⁻²⁷ kg

**图3.2 聚合中减少的质量**
注：两个质子和两个中子聚合形成氦原子核，质量减少了 $5×10^{-29}$ 千克。

奥地利，在德国工作。因为是女性，在当时的德国，她不被允许在实验室工作，只能窝在木匠的工作间进行研究[①]，但她孜孜不倦的研究态度赢得了同事的尊敬。纳粹掌权之后，迈特纳被迫逃往瑞典。

后来，一个德国同事[②]在对铀进行实验时得到了一个令人大惑不解的结果，为了对其进行更好的解释，他写信给迈特纳，请求她帮忙看看他的实验数据。为此迈特纳和表弟奥托·弗里希（Otto Frisch）一起进行了研究，并推断出这个奇怪结果的出现只能是因为铀原子核发生了分裂，形成了两种新元素。这一过程之所以会产生能量，是因为裂变反应产

---

[①] 资料显示，莉泽·迈特纳所在的柏林大学化学研究所的实验室本来是一个木匠工场，莉泽·迈特纳是以"无薪客席"身份在这里工作，因为她是女性，所以她只能从后门进。

[②] 资料显示，这是奥托·哈恩，后来的诺贝尔化学奖得主。莉泽和奥托·弗里希发表了一篇文章，解释了哈恩的理论，第一次为核变提出了理论基础。

生的两个新原子比铀原子更稳定，也就是说它们以更低的能耗状态存在，因此，裂变反应产生的产物比孵化物——铀原子的质量更轻，而失去的质量则转化为了能量。

原子核产生的能量可以通过爱因斯坦的方程式计算出来：$E = mc^2$。在这个方程式中，能量等于质量和真空中光速的平方的乘积。光速本身就是一个巨大的数字，其平方就更大了。因此，即使只转化少量的物质，也会产生巨大的能量。如果将1克物质转化为能量，就足以把100万吨水从海平面提升到海拔4 300米的派克峰峰顶（Pikes Peak）两次。"核数学"部分显示了制造一个新墨西哥州人造太阳那样的原子弹所需转化的物质质量。

## 核数学

方程式能简明扼要地传达很多信息，但要想深入了解一个方程的含义，一个卓有成效的办法就是在计算中真正用到它。对于爱因斯坦著名的方程式 $E=mc^2$ 来说尤其如此，因为在这道式子中，有些参数大得可怕，有些参数则小得惊人。

举例来说，让我们来计算一下在第一次原子弹试验中被转化为能量的质量吧！地面测量表明，这颗原子弹的爆炸力相当于

37 200 000磅（16 874 000千克）的TNT（三硝基甲苯）炸药。如果单纯用TNT来衡量的话，数值就太大了，因此科学家们现在都以千吨（kt）的TNT来衡量原子弹爆炸的当量。一千吨也就是1 000吨或2 000 000磅（907 185千克）。如果用千吨来衡量，那么第一颗炸弹的当量将是：

$$\frac{37\ 200\ 000磅}{2\ 000\ 000磅/千吨}=18.6千吨$$

让我们再使用国际公制系统的单位来计算一次。根据公制，能量（E）的单位是焦耳（J）。一焦耳是指在一秒钟内连续产生一瓦特的功率所做的功，也就是将一公斤的东西举起10厘米所需的能量。公式中的质量（m）以千克（kg）为单位，光速（c）以米/秒（m/s）为单位。为了找到在爆炸中转换的质量，我们将方程式重新排列为：

$$m=E/c^2$$
$$c=3.0\times10^8\ m/s$$
$$c^2=9.0\times10^{16}m^2\cdot s^{-2}$$

现在将爆炸的能量从千吨转换为焦耳，并计算出质量：

$$1kt=4.18\times10^{12}J$$
$$18.6kt=7.8\times10^{13}J$$

然而，1J被定义为$1kg*m^2s^{-2}$，所以

$$m=E/c^2=7.8\times1013\ kg*m^2\,s^{-2}/9.0\times1016m^2\,s^{-2}$$
$$m=8.6\times10^{-2}kg$$

或　　　　　　　　　$$m=0.86g$$

　　　人们可以把质量看作是"冻结的能量"。正如上述计算所示，微小的质量便可以释放出大量的能量。不到一茶匙的能量的威力就好像1945年在广岛爆炸的那颗原子弹那么轰动；理论上，这不到一茶匙的能量就可以炸平——而且它也确实炸平了——一座相当大的城市。

# 电　子

　　当原子核里的能量被释放出来的时候，其威力令人震撼。原子弹以及给整座城市提供了动力的反应器紧紧抓住了人们的眼球，但在日常生活中，大部分事物都由原子的核外电子层支配，这是一团团旋转的带负电的物质云，它们既是粒子，又是波。

　　从钢到石头，从灯泡到豆腐泡，大部分物质的性质与组成该物质的原子内部的电子数量及能量有关系。在本章中，我们将会探索原子内部的电子是如何排布的，以及科学家们是如何发现这些排布方式的。

# 能量壳

尼尔斯·玻尔提出，电子是绕核运动的粒子，电子所在的不同壳层决定了它们的能量。玻尔知道，氦原子有两个电子且非常稳定，在大部分情况下拒绝得到或者失去其他电子，因此玻尔推断最低能量壳有两个电子。

玻尔猜测，比氦更重的原子里的电子一定分布在能量更高的壳层。因此，原子序数为3的锂原子有两个电子在$n=1$能量壳，而第三个电子一定在一个新能量壳：$n=2$。

后来，科学家们通过把玻尔关于氦原子的想法延伸到其他稀有气体（惰性气体）上，首次计算出了填满原子的能量壳所需的电子数。所有的稀有气体都非常稳定，不会轻易跟其他物质发生反应，这就意味着它们不会轻易得到或失去电子。其实早在1916年，玻尔和其他科学家们就推测出，这些气体的能量壳一定都是满的，无法容纳更多的电子。如今，科学家们都知道玻尔及其同事所言属实，所有稀有气体的最低能量壳都是满的。表4.1为稀有气体的电子排布。

**表4.1　稀有气体原子的电子排布**

| 元素 | 原子序数 (Z) | 能量壳（n）中的电子数 | | | | | |
|------|------|---|---|---|---|---|---|
| | | 1 | 2 | 3 | 4 | 5 | 6 |
| 氦 | 2 | 2 | | | | | |
| 氖 | 10 | 2 | 8 | | | | |
| 氩 | 18 | 2 | 8 | 8 | | | |
| 氪 | 36 | 2 | 8 | 18 | 8 | | |
| 氙 | 54 | 2 | 8 | 18 | 18 | 8 | |
| 氡 | 86 | 2 | 8 | 18 | 32 | 18 | 8 |

电子排布（electron configuration）是玻尔的量子原子结构自然而然的产物。他的原子结构在很多方面都是一个非凡的成就，但随着时间的流逝，有些问题渐渐浮现。首先是在高分辨率的分光镜下发现了出现在氢原子的光谱中的新谱线，但玻尔的原子结构无法解释这种所谓的"精细结构"。此外，它也无法解释比氢原子更大的原子的光谱。但这些还不是主要的，玻尔的原子结构最大的问题在于它的经验主义本质。能够填满稀有气体能量壳所需的特定原子数有何神奇之处？为什么 $n=1$ 能量壳只需2个电子，而 $n=2$ 就要8个电子呢？这些问题直到海森堡和薛定谔发展了波动力学才有了答案。

# 量子数

　　今天，科学家们知道原子内电子的能量和行为是由四个量子数所决定的。薛定谔方程的波动函数可以分解为三个方程式，解出这三个方程式就得到了前三个量子数以及各自值的范围。第一个方程解是主量子数（$n$），按照从玻尔的原子结构延续下来的惯例，最低能量壳的主量子数为$n=1$，下一层为$n=2$，依此类推，主量子数全部为正整数，且数值越大，该壳内的电子所带的能量越高。

　　量子数大致相当于玻尔所提出的原子的物理特征。主量子数对应玻尔的环状能量壳，跟电子与原子核的平均距离相关。$n$值越大，电子的能量就越高，离原子核也越远。

　　第二个量子数叫作角动量量子数，用字母$l$表示，代表主能量壳层里的亚层。角动量量子数决定电子的角动量和轨道的形状，从中可以看出电子在原子里的可能位置。角动量子数可以是0到$n-1$的任何正整数。比如，如果一个能量壳层的主量子数是3（$n=3$），那么它的轨道可能多达3个，其角动量子数分别为$l=0$，$l=1$和$l=2$。

　　角动量量子数通常用表4.2中的字母表示。

　　按照惯例，指称轨道时要把代表主能量壳的数字也写出来。处于基态（最低能量水平）的氢原子的电子会占据1$s$

表 4.2　表示各亚层的字母

| $l$ 值（亚层） | 字母 |
|---|---|
| 0 | $s$ |
| 1 | $p$ |
| 2 | $d$ |
| 3 | $f$ |
| 4 | $g$ |

轨道，其中 1 代表主量子数，$s$ 代表角动量量子数。如果该电子跃迁到下一个更高的能量层级，那么它的轨道将为 $2s$。同样，$p$ 轨道中能量最低的为 $2p$。表 4.3 中列出了原子前四个主能量壳中可能有的轨道。

表 4.3　原子的主能量壳（$n$）中的可能轨道

| $n$ | 轨道数（$l$） | 轨道字母 | 轨道名称 |
|---|---|---|---|
| 1 | 0 | $s$ | $1s$ |
| 2 | 0<br>1 | $s$<br>$p$ | $2s$<br>$2p$ |
| 3 | 0<br>1<br>2 | $s$<br>$P$<br>$d$ | $3s$<br>$3p$<br>$3d$ |
| 4 | 0<br>1<br>2<br>3 | $s$<br>$p$<br>$d$<br>$f$ | $4s$<br>$4p$<br>$4d$<br>$4f$ |

从薛定谔方程的第三个方程解中可以得到磁量子数。磁量子数通常用$m_l$表示，值的范围是$-l$到$+l$。表4.4总结了从波动方程中得到的前四个能量壳的可能量子数。

**表4.4　前四个能量壳可能的量子数**

| 主量子数（$n$） | 角动量量子数（$l$） | 轨道形状 | 磁量子数（$m_l$） | 轨道数量 |
|---|---|---|---|---|
| 1 | 0 | 1$s$ | 0 | 1 |
| 2 | 0 | 2$s$ | 0 | 1 |
|  |  | 2$p$ | $-1$，0，$+1$ | 3 |
| 3 | 0 | 3$s$ | 0 | 1 |
|  | 1 | 3$p$ | $-1$，0，$+1$ | 3 |
|  | 2 | 3$d$ | $-2$，$-1$，0，$+1$，$+2$ | 5 |
| 4 | 0 | 4$s$ | 0 | 1 |
|  | 1 | 4$p$ | $-1$，0，$+1$ | 3 |
|  | 2 | 4$d$ | $-2$，$-1$，0，$+1$，$+2$ | 5 |
|  | 3 | 4$f$ | $-3$，$-2$，$-1$，0，$+1$，$+2$，$+3$ | 7 |
| **量子数范围** | | | | |
| $n$=1，2，3… | $l$=0，1，…（$n-1$） | | $m_l$=$-l$…，0，…$+l$ | |

磁量子数指明了$s$、$p$、$d$和$f$轨道在空间里的方向。前三个$s$轨道的形状如图4.1所示。$s$轨道呈球形，能量低的轨道在里，能量高的轨道在外。

图4.2为$p$轨道和$d$轨道。$p$轨道呈哑铃形；除一个以外，所有的$d$轨道都有四个波瓣。轨道的形状代表电子的概率分

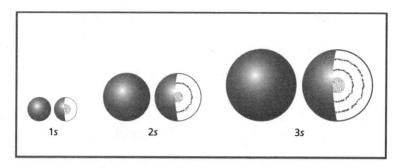

**图4.1**　前三个 s 轨道的形状

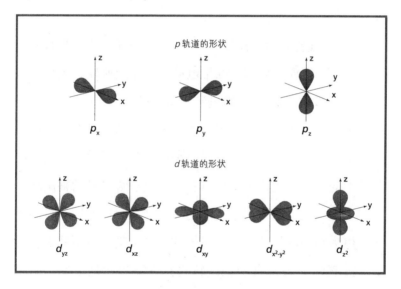

**图4.2**　2p 轨道和3d 轨道代表图

布，在轨道范围内找到电子的概率大约为90%。

最后一个量子数的提出是为了解开一个谜题。当理论预测只应存在一条谱线时，有些光谱线却分裂成两条线，几位物理学家便着手解决这个问题。到1924年，他们达成了一个共识：需要一个新量子性质，或者说量子数来解释谱线分裂。当时，大家普遍认为电子是一种粒子，因此科学家们称这种新性质为"自旋"，通常用$m_S$表示。自旋量子数只有两个可能值：+1/2 和 –1/2，经常用一个向上或向下的箭头表示。

自旋量子数也带来了一个问题：量子数代表原子的什么物理性质？量子数的推导方式导致了这个问题并没有确切的答案。

量子数最初是为解释玻尔的原子结构提出的，当时人们认为电子是绕原子核运动的带电粒子。如上所述，主量子数对应的是玻尔的原子结构里某一能量壳层中电子的平均能量；角动量量子数与椭圆形轨道中电子的角动量有关，这一点从该量子数的名称中不难看出来；而磁量子数则与电子在磁场中的行为有关；自旋可以看作是电子绕自身的轴旋转。

但在当波动论取代了玻尔的原子结构，对亚原子世界进行了更为精确的描述之后，量子数的含义就变得不那么明确了。波真的能绕自身的轴旋转吗？答案当然是不能。有时候，量子数对理解电子的具体物理性质是有帮助的，但量子性质跟普通的人类世界仅仅只有些许模糊的关联。因此，电子自旋并没有普通的宏观物理含义。电子并不会像陀螺一样旋转，也不会像其他任何物体一样旋转。在《费曼讲物理：入门》一书中，费曼一阵见血地指出："极小物体完全不像与你有任何直接经验的物体。"科学家们所知道的关于电子的一切都是费曼这句话的明证。

# 构建原子

能量壳的主量子数确定了其中电子的平均能量。主能量壳有不同轨道（或亚层），不同轨道中的电子能量不同。对 $n=3$ 能量壳来说，$3s$、$3p$ 和 $3d$ 轨道中电子的能量略有差异。为了构建原子，了解其中缘由是有必要的。

氦原子有两个质子和两个电子，质子数和电子数是氢原子的两倍。鉴于正电荷和负电荷相互吸引，氦原子核施加在电子上的力应该是氢原子核的两倍，这就意味着把一个电子从氦原子中移除所需的能量应该是把电子从氢原子中移除的两倍。但事实却并非如此，所需能量并没有两倍之多，而是 1.9 倍。

将电子从氦原子中移除需要的能量比预期少是因为电子间存在互斥。事实上，氦原子核对电子的吸引力的确是氢原子核的两倍，但与此同时，氦原子的两个电子也会互相排斥。最后的结果就是，如果一个原子有多个电子，那么把电子从该原子中移除要比不存在其他电子的情况更容易。

　　图4.3为原子轨道的能级图解。有时候，主能级较低的外部轨道的能量要高于主能级较高的内部轨道。比如4d轨道的能量比5s轨道的能量高。这出乎人们的意料，之所以会发生这样的情况是因为4d中的电子和内部s轨道中的电子相互排斥。因此，从4d中移除一个电子需要的能量比从5s中移除一个电子少。

　　知道了轨道的能级，我们就可以开始一个原子加一个原子地构建元素周期表了。最轻的是氢原子，有一个质子和一个电子，那么这一个电子应该去哪个轨道呢？正如前文所述，答案是1s轨道。但是为什么呢？为什么不是2p或者5d轨道？答案来自尼尔斯·玻尔在20世纪20年代提出的一个假设，当时他正在用新量子化原子结构构建元素周期表的原子。这一规则就是构造原理，是构建原子所需的三条规则中的第一条。构造原理很简单：电子会先填满能量低的轨道。如图4.3所示，很显然1s轨道的能量最低，因此氢原子的电子必须去1s。氦原子是第二轻的元素，有两个电子，根据构造原理，这两个电子也会去1s轨道。

　　下一个元素是锂，有三个电子。但是，第三个电子并没有去1s轨道，原因在于量子力学最重要的规则之一：沃尔夫冈·泡利（Wolfgang Pauli）提出的泡利不相容原理（这一原理为这位奥地利物理学家赢得了诺贝尔奖）。正是泡利不相容原理使得量子数成为我们认识原子至关重要的理论。

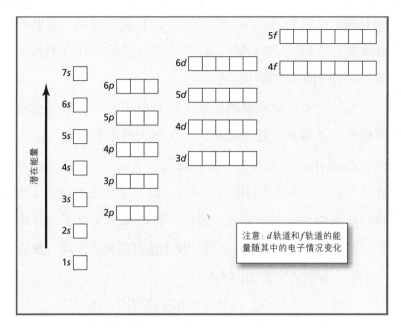

**图4.3**　原子轨道的能级

　　根据不相容原理，一个原子中不会有四个量子数都相同的两个电子。1s 轨道有以下可能的量子数：$n=1$，$l=0$，$m_l=0$，$m_s=+1/2$ 或 $-1/2$，前三个量子数都只有一个值，自旋量子数有两种可能的状态。因此，在不相容原理的制约下，1s 轨道只能有两个电子，且自旋量子数相反。如果再加一个电子，那它的量子数必定与早已存在的两个电子之一相同。所以，锂原子的第三个电子必定要去下一能级：2s 轨道。

　　构建原子的最后一个困难来自碳。碳元素最常见的形式是有六个电子，构建该原子时，两个电子应该在 1s 轨道，还有两个在 2s 轨道，第五个必须去 2p 轨道，但第六个电子应该去三条 p 轨道中的哪一条呢？是第五个电子所在的那一条还是另外两条空着的轨道？

可见，要得到元素周期表中所有原子的电子排列还需要最后一条规则。这条规则由一位名为弗里德里希·洪特（Friedrich Hund）的德国科学家提出，该规则可以用多种方式进行表达，但最为精确的定义是：高自旋状态的原子比低自旋状态的原子更为稳定。因此，碳 12 第六个电子的自旋量子数跟第五个电子必定相同。根据泡利不相容原理，最后一个电子应该去空着的 p 轨道。

知道了构造原理、泡利不相容原理和洪特规则这三条规则，以及前面图 4.3 所示的轨道能级，我们就可以正确地构建大部分原子的电子排布了。化学家们首先确认原子的主量子数，然后确认轨道，最后是轨道上的电子数，以此确定电子排布。氢原子的电子排布为 $1s^1$，碳 12 为 $1s^2\,2s^2\,2p^2$。表 4.5 显示了从氢原子到氖原子轨道是如何一步步填满的。

原子序数越大，电子排布就越复杂，过渡元素就是一个很好的例子，部分过渡元素的原子序数在 21 到 30 之间。电子互斥使 4s 轨道的能量比 3d 轨道稍低，所以电子会先排布在 4s 轨道。因此，钒原子（原子序数为 23）的电子排列为 $1s^2\,2s^2\,2p^6\,3s^2\,3p^6\,3d^3\,4s^2$。但是，当钒原子增加一个电子变为铬原子时，最后一个电子并没有去未填满的 3d 轨道，使两

表4.5　轨道符号

| 化学符号 | 原子序数 | 轨道符号 | | | 电子排列符号 |
|---|---|---|---|---|---|
| | | 1$S$ | 2$S$ | 2$P$ | |
| H | 1 | ↑ | | | $1s^1$ |
| He | 2 | ↑↓ | | | $1s^2$ |
| Li | 3 | ↑↓ | ↑ | | $1s^2\,2s^1$ |
| Be | 4 | ↑↓ | ↑↓ | | $1s^2\,2s^2$ |
| B | 5 | ↑↓ | ↑↓ | ↑ | $1s^2\,2s^2\,2p^1$ |
| C | 6 | ↑↓ | ↑↓ | ↑ ↑ | $1s^2\,2s^2\,2p^2$ |
| N | 7 | ↑↓ | ↑↓ | ↑ ↑ ↑ | $1s^2\,2s^2\,2p^3$ |
| O | 8 | ↑↓ | ↑↓ | ↑↓ ↑ ↑ | $1s^2\,2s^2\,2p^4$ |
| F | 9 | ↑↓ | ↑↓ | ↑↓ ↑↓ ↑ | $1s^2\,2s^2\,2p^5$ |
| Ne | 10 | ↑↓ | ↑↓ | ↑↓ ↑↓ ↑↓ | $1s^2\,2s^2\,2p^6$ |
| **特定亚层中轨道的最大电子数** | | | | | |
| $s$=2（一个轨道）<br>$p$=6（三个轨道）<br>$d$=10（五个轨道）<br>$f$=14（七个轨道） | | | | | |

个外部轨道变为 $3d^4$ 和 $4s^2$，而是将本来应该在 $4s$ 轨道中的一个电子也带往了 $3d$ 轨道，这就意味着铬原子的两个最外部轨道会变为 $3d^5$ 和 $4s^1$。这是铬元素最稳定的状态，$d$ 轨道中有五个未配对电子、$s$ 轨道中有一个未配对电子，这种排布比 $3d^4$ 和 $4s^2$ 的能量更低。在这个进程中起作用的正是洪特提出的规则，铬原子中六个未配对的电子比预期电子排布产生的原子能量更低。

　　所幸，大部分电子排布都遵循正常的填充顺序。到目前为止，我们还有一个鲜有触及的科学分支——光谱学，这是科学家们理解电子排布所需的大部分数据的来源，对理解原子中电子的行为起到了关键作用。

## 光谱学

　　电子排布对化学至关重要，它们决定了原子是如何结合在一起形成大小不同的分子，从而形成我们身边的日常物质，例如水、木和塑料。但是，我们目前为止所讨论的大部分电子排布都只是特例：它们是原子在基态，即最稳定、能量最低状态下的电子排布。

　　当原子吸收一个光子，就有一个电子跃迁到能量更高的轨道，从而改变基态。当电子降到一个能量更低的轨道，就会以光子的形式释放出能量，光谱学就是鉴别量子发射或吸收辐射的科学分支。

光谱学起源于德国物理学家约瑟夫·冯·夫琅和费（Joseph von Fraunhofer）所做的研究。1814年，他通过用高质量衍射光栅和棱镜分散太阳光，在太阳光谱中发现了几百条暗线（这些暗线现在被称为夫琅和费线），但他当时却无法解释其来源。现在，科学家们知道了，这些暗线的产生是因为太阳表面附近的元素吸收太阳内部产生的辐射。

对诸如夫琅和费线等光谱进行的分析叫作吸收光谱学，因为它研究的是原子捕捉光子，然后光子将电子撞入一个能量更高的状态。与之对应的是发射光谱学，发射光谱学研究的是原子利用外部能量，比如热、辐射或电流，刺激原子中的电子从活跃的高能量状态降到低能量层级的状态，这时电子会发射出光子。光谱学家们则会测量发射出的光子的波长，并利用普朗克方程，计算出转换过程中释放的能量。

到20世纪早期，科学家们已经可以分析出大部分元素的光谱。他们知道每个元素都有其独特的发射光谱。鉴于氢原子是最简单的原子，因此科学家们为理解原子光谱的本质而进行的研究大部分都围绕氢原子展开。

在一根装有低压氢气的玻璃管中通电，你会看到一道蓝色的光，当这道蓝光透过棱镜，会出现四条彩线——红线、蓝绿线、蓝线和紫线。因为这四条线都在可见光的范围内，因此它们在光谱学发展的早期就被发现了。1885年，瑞士物理学家约翰·巴耳末建立了一个公式来计算这些线的波长，该公式跟玻尔用来假定氢原子本质的量子公式是一样的。巴耳末公式还预测了氢原子其他光谱线的存在，包括可见光谱边缘附近的一条线，这条线很快就被科学家检测到了。为纪念巴耳末对光谱学的贡献，人们把上述光谱线命名为巴耳末系。

后来，科学家们又发现了氢原子的另外两条发射谱线，且都以发现者的名字命名：紫外光范围内为莱曼系（Lyman series）、红外区域为帕邢系（Paschen series）。虽然科学家们建立了多个公式来计算光谱线，但直到尼尔斯·玻尔提出量子化的原子，人们才明白这些计算背后的物理学含义。有了玻尔的量子理论，氢原子的发射光谱瞬间有了意义——光谱中的每条线都代表了一个活跃的电子从高量子状态到低量子状态时释放出的能量。

随着时间的流逝，科学家们渐渐弄清楚了氢原子光谱中每一条线所对应的电子转换，如图4.4所示。高能量的莱曼系对应电子跃迁到基态$n=1$时所发生的转换；可见光区域的巴耳末系能量稍低，与电子降到$n=2$能级相关；而红外区域的低能量帕邢系则对应电子跃迁到$n=3$时所发生的转换。电子跃迁到$n=1$时释放的能量更多的原因在于，$n$越小，能级之间的差异就越大，因此当电子转换到 $n=1$ 能级时会释放出大量能量，而转换到更高能级，如 $n=2$ 或 $n=3$ 时，释放出的能量会少一些。

光谱学在化学、物理学和天文学中持续发挥着重要作用。易于操作的光谱分析仪使化学家们能够快速识别元素，普通有机分子同样有其独特的发射和吸收谱线，这就使得光谱学成为复杂化学制品分析中的宝贵工具。此外，光谱学还

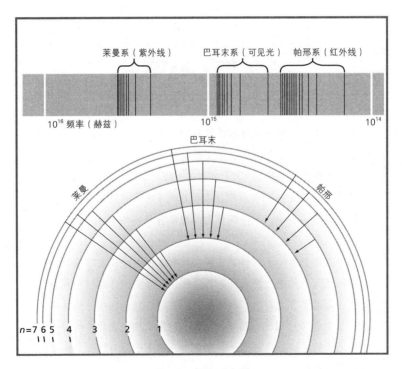

**图4.4　氢原子光谱**

注：氢原子光谱中的谱线与电子降到更低能级时释放的能量一一对应。

是人类理解宇宙的关键。天文学家们将光谱分析仪安装到望远镜上，以此来研究太阳和其他星体的组成，并测量这些光谱相对于地球的速度或各自之间的相对速度。事实上，光谱学是科学研究最有价值的工具之一，它的产生归功于有许许多多的实验者记录下成百上千种元素和化合物的光谱线，而他们之所以能进行实验则要归功于玻尔、薛定谔以及其他同仁建立的坚实基础。

## 独立日烟花中的光谱学

焰色反应是发射光谱学最简单的表现形式。焰色反应法可以用来识别一些常见的元素，不需要复杂的设备。做焰色反应实验的最好方法是使用铂丝。在标准的实验室中，将一根细的、2英寸（5.1厘米）的铂金丝扭成环状，并嵌入4英寸（10.2厘米）的玻璃棒中。本实验中，唯一需要的其他设备是一个本生灯（Bunsen burner）或类似设备。

将一撮食盐（氯化钠）溶解在水中。将铂丝浸入溶液后，再将铂丝插入火焰中，便会得到明亮的黄色火焰。这种颜色来自金属钠的光谱中占主导地位的两条黄色发射线，这些发射线是由电子从3p轨道下降到3s轨道而产生的。这两条线彼此非常接近，而它们之间能量的差异则是由于3p轨道上的电子因自旋而产生了数量不同的能量。

　　铜、锂、钡和许多其他金属的氯化物溶液在火焰中也会发出明亮的颜色。铜的焰色反应呈现出一种独特的蓝色,锂则表现为熊熊燃烧的红色,而钡则呈现出一种漂亮的淡绿色。这些金属在7月4日独立日的烟花中发挥了重要的作用,烟花多重绚烂的颜色便来自于金属原子中的电子掉入低能量轨道。这是火焰光谱学的一次盛大展示。

第 5 章

# 元　素

　　元素周期表将元素按顺序排列，以帮助化学家们理解原子的行为方式。为什么氟跟铯会发生剧烈反应，但离氟最近的氖却很难跟任何物质发生反应呢？换句话说，元素的性质从何而来？它们看似随机的本质下又存在何种规律？今天，科学家们已经知道了，元素的周期性在很大程度上源于其电子排布中反复出现的模式。

　　元素周期表将元素排列在不同纵列、横行和区。同一纵列中的元素称为一个族①，1 族元素在元素周期表的最左列，2 族元素在从左往右第二列，依次类推，一直到最右列的 18族。同一纵列中元素的化学性质非常相似，同一区或同一横行中的元素也有一些相似的性质，但联系不如纵列元素紧密。

---

① 　每一个横行为一个周期。

　　元素周期表可以囊括多种不同的数据。元素周期表包含元素符号、原子序数以及各元素的原子质量，本书还附有一个各元素电子排列表。这里我们先看电子排布。

　　该元素周期表中表示电子排布的符号体系基于稀有气体——电子壳填满的惰性元素。第一种稀有气体是氦，因此质量第二的稀有气体元素——锂表示为 $[He]\,2s^1$，意思是锂的电子排布是氦的电子排布再加上一个位于 $2s$ 轨道上的额外的电子。钼（Z=42）表示为 $[Kr]\,5s^14d^3$，因此，钼的电子排布是氪的电子排布再加上一个位于 $5s$ 轨道的电子和三个位于 $4d$ 轨道的电子。所有元素的电子排列都按照这种方式表示，仔细观察，就可以清楚地看到元素之间一些有趣的相似性。

　　例如，除了最外层 $s$ 轨道中有一个电子，所有1族元素的电子壳都是填满的。实际上，在元素周期表中，不管是哪一纵列，大部分元素的最外层轨道，即参与化学反应的轨道中的电子数都是一样的。这些轨道通常是同一类型的轨道—— $s$ 轨道，$p$ 轨道，$d$ 轨道或 $f$ 轨道。虽然也有一些例外，正如我们在第四章中提到的，钒（Z=23）的外层轨道电子排列不同寻常，铂（Z=78）以及其他几种元素也是如此，但大部分元素的电子排布都有规可循，这就是同一族的元素行为方式相似的原因。

　　电子排布的发现使很多关键概念变得明晰起来，其中之一是化学界讨论多年的化合价。过去，化学家们把化合价同元素相互结合的难易程度联系在一起，电子排布为人熟知以后，化合价的含义就变成了为使最外层轨道完整，原子必须得或失的电子数。这又带来了另一个相关的术语——价电子，即原子最外层轨道中的电子。价电子决定了原子相互结合形成化合物的方式。原子的外层轨道之所以会得到或失去电子，是因为这样可以让原子更稳定、能量更低，就像惰性气体的电子排布一样，这一点我们将在下一章中进一步探讨。

除纵列外，元素周期表中同一横行或同区的元素在电子排布上也有相同之处。图5.1标出的各区中，同区元素具有相同的外部轨道。在同一个区内从左往右沿横行移动，对应的轨道逐渐被填满。但是，同一横行中的元素外部轨道的电子数并不一样，因此，横行中相邻的元素也许有部分相同性质，但它们的化学行为却并不像纵列元素那样一致。

除了电子排布相似，部分元素的化学性质也相同。例如，图5.1中最左端的区全是金属元素，其中第一纵列为碱金属，第二纵列为碱土金属。碱金属极其相似，都是质地柔软的、银色的、高度活跃的，而碱土金属一族则跟碱金属大为不同，它们的质地更硬，熔点也更高。

将不同元素按物理性质和化学性质划分的方法使得科学家们能够在电子排布为人熟知以前就构建了元素周期表。第一个元素周期表就诞生在汤姆逊发现电子之前，距离玻尔建立电子排布就更久远了。

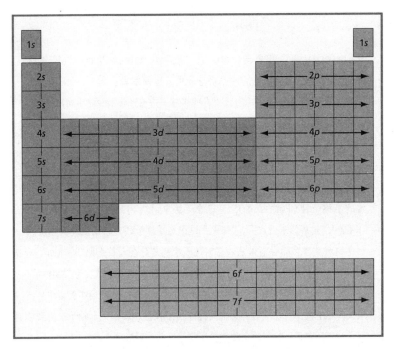

**图5.1** 电子排列与元素周期表

注：这些区中的元素外部轨道相同。

# 元素的命名

在本书后面的表格中展示了世界上所有元素的全称和简写符号。大多数元素符号都来自它们的全称："H"代表氢（hydrogen），"O"代表

氧（oxygen），"C"代表碳（carbon），"He"代表氦（helium），"Li"代表锂（lithium）。相对比较新的元素符号也很容易解释：例如，101号元素的符号是"Md"，并有一个与之对应的名字——钔（Mendelevium）。但是，元素周期表中一些元素的符号与它们的名称并不一致。例如，钠（Sodium）的符号就不是"So"，而是"Na"。钾（Potassium）也不是"Po"，而是"K"。这种"不合常理"的安排有其历史原因——一些元素曾经的名称已经不再被使用，但它们的符号却仍在周期表和化学公式中继续存在。19号元素的名称是钾（Potassium），它来自英语单词"potash"。钾肥是碳酸钾（$K_2CO_3$），是钾的来源之一。"钾肥"这个名字源于通过在锅里浸泡木灰来制备这种化学品的古老做法。目前还不清楚是什么人最先把"kalium"一词同钾元素联系起来，但很可能是德国人。钾在德语中被称为"kalium"，这个词来自阿拉伯语中表示"灰"的单词。"kalium"这个词在英语中早已消失，但它的第一个字母作为钾的符号仍然存在。而以下十种元素的原名则是拉丁语单词，它们的全称和简写符号也并非对应关系。

钠（sodium）—— Na (natrium)

铁（iron）—— Fe (ferrum)

铜（copper）—— Cu (cuprum)

银（silver）—— Ag (argentum)

锡（tin）—— Sn (stannum)

锑（antimony）—— Sb (stibium)

钨（tungsten）—— W (wolfram)

金（gold）—— Au (aurum)

汞（mercury）—— Hg (hydragyrum)

铅（lead）—— Pb (plumbum)

# 第一个元素周期表

历史上，化学一直不被重视，直到1661年一位才华横溢、狂热、虔诚的宗教徒罗伯特·波义耳（Robert Boyle）写了《怀疑的化学家》（*The Sceptical Chemist*）一书，化学才逐渐发展起来。波义耳将元素定义为任何不能再被分割的物质，这一观念与今天的元素概念极其接近，为当时的科学家们提供了一种新的看待世界的方式。更重要的是，波义耳的深刻见解鼓舞了化学家们，他们在实验室里加热固体、蒸发液体，研究煮掉的气体以及剩下来的残留物，由此分离出了大量新元素。

在之后两个世纪的时间里，化学家们识别出了98种自然元素中的63种，但他们却没有一个好方法去排列这些元素，也没有一个体系可以帮助他们理解元素之间的关系。元素之间是否存在一定规律？这个问题难倒了当时世界上最卓越的化学家们，直到1869年，一位俄国科学家才解决了这个问题，他就是德米特里·门捷列夫（Dmitri Mendeleyev）。有趣的是，门捷列夫并非在实验室里找到了问题的答案，而是在床上。"我在梦里看到了一张表，"他写到，"所有元素都按要求依次排列。"他将其称为元素周期表。如今，你几乎可以在世界上所有的化学课堂和化学教科书上找到这张表。

元素周期表将元素之间的关系展示得一清二楚，门捷列夫利用这张表成功地预测了当时尚未被发现的元素及其性质。例如，他推断元素周期表中硅和锡之间应该还有一种元素。1880年，德国化学家克雷门斯·温克勒（Clemens Winkler）分离出一种新元素，并将其命名为锗，而锗的性质跟门捷列夫所预测的完全吻合。

门捷列夫最为人熟知的一张照片拍摄于他的晚年时期。在这张照片中，他留着长长的白胡须，有着浓密的头发，看起来就像一个正在沉思的疯子。据说一位当地牧羊人每年都用羊毛剪给他剪一次头，但他并不是疯子，而是一位杰出的化学家，他为科学众多领域都贡献了宝贵的见解。1907年，门捷列夫逝世。

尽管门捷列夫成就斐然，他最为人所铭记的还是元素周期表。他确信，元素的性质是原子质量的周期性功能表现，这一点是他的周期表概念的核心。

现在，化学家们认为，当元素按原子序数排列时，其周期性比按原子质量排列时更为明显。但这对门捷列夫元素周期表的影响很小，因为原子质量和原子序数之间有着千丝万缕的关系。元素周期表并不像泡利不相容原理一样有着严格的规则，人们从中得到的信息也并不会这么精确，这是因为周期表是把物理和化学性质相似并非完全相同的元素排列在一起。

# 元素的周期性

在元素周期表中，原子序数与原子大小之间看似有很明显的关系，当原子中的质子和电子数增多，原子半径无疑也应该随着增大，但不幸的是，事实并非如此简单。瞥一眼图5.2，你就可以发现这个问题。在纵列的各族中，原子半径的确如预期一样增大，比如在1族元素中，从锂（Z=3）到钠（Z=11），再从钾（Z=19）一直往下，原子不断增大。这是因为同一族从上往下，原子的主能量壳（n= 1，2，3…）不断增多，n值越大，电子与原子核之间的平均距离就越远。

横行元素却打破了这一简单规律。在横行中，随着原子序数增加，原子并没有跟着增大，反而通常会减小。这是因为每一横行从左往右，原子核里带正电的质子不断增多，但对大部分横行元素来说，同一行大部分主能级是一致的，因此原子核正电荷越多，对电子的吸引力就越强。虽然电子互斥可以部分抵消增强的原子核吸引力，但在大部分情况下，这不足以完全抵消增加的吸引力。

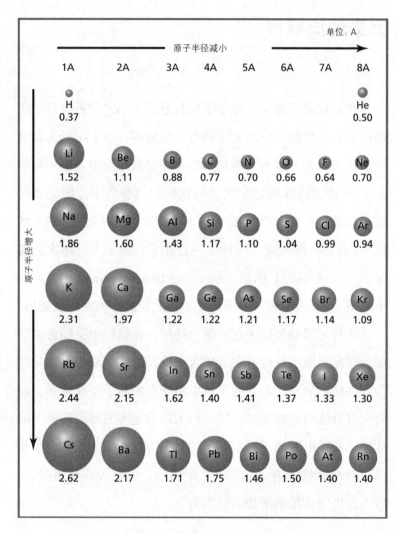

**图5.2 原子半径与元素周期表**

注：在元素周期表中，纵列从上往下原子半径增大，横行从左往右原子半径大体减小。

# 电离能

电离能是元素另一个具有周期性特征的重要性质。移除原子中的一个或多个电子，就会得到一个离子。在气态下移除电子所需的能量叫电离能。从原子中移除一个电子，更确切地说是移除能量最高、与原子核联系最不紧密的电子，所需的能量叫第一电离能。当能量最高的电子被移除之后，再移除能量第二的电子所需的能量叫第二电离能，依次类推。

在元素周期表中，每一横行从左往右第一电离能总体增加，而在同一族中，从上往下第一电离能往往不断减少，其中的原因与原子半径变化模式的原因是一致的。随着原子核的电荷不断增加，对电子的吸引力也会不断增强。因此，同一横行从左往右，移除电子的难度加大，但是，在纵列各族中，增加的核电荷对电子的吸引力被电子斥力以及更高的主能级抵消了，因此，同一列从上往下，移除电子的难度不断降低。图 5.3 对这些趋势进行了总结。

电离能是元素在化学反应中行为的重要指标。第一电离能较低的原子，比如钠原子，很容易就会失去一个电子，这就意味着它们很容易形成离子，而碳的第一电离能是钠的两倍，所以失去电子的难度比钠大。第一电离能的差别对这两种元素的化学性质有着巨大的影响。钠和氯发生反应会形成氯化钠，也就是食盐，一种可溶于水的白色晶状物质；碳和氯结合则会形成四氯化碳，一种曾用于灭火器的无色液体。四氯化碳不溶于水，且具有毒性，因此不要把这种氯化物喷洒在你的食物上。换句话说，四氯化碳和食盐可谓有天壤之别，如果一个是白天，另一个就是黑夜。造成这种现象的原因之一就是钠和碳的第一电离能之间存在较大差异，这一差异决定了两种元素之间化学键的类型，而化学键则会对生成化合物的性质造成巨大影响。

　　在各族元素中，碱金属的电离能最低，所以很容易就会失去一个电子，稀有气体的电离能最高，其能量壳都是填满的，所以极其不易失去或得到电子。在稀有气体旁边一列，

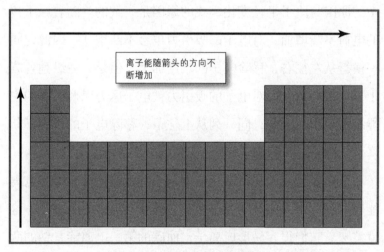

**图5.3　离子能与元素周期表**

注：总体而言，同一行从左往右第一电离能不断增加，同一列从上往下第一电离能不断减少。

是对电子吸引力最大的卤族元素，在元素周期表中的17族。最容易产生化学反应并交换电子的两种元素是元素周期表左下角的钫和卤族元素顶部的氟。钫具有高度放射性，且十分罕见，在任何时刻，地壳中所有的钫元素加起来不会超过1千克。第一电离能次于钫和氟的是铯。铯想失去一个电子，而氟急于得到一个电子，因此，当铯和氟混合在一起时就会发生化学家口中的"剧烈反应"，在其他人看来可能是一次爆炸。

## 测量原子半径

测量原子的半径并非易事。可以说，原子中的电子既不在这里，也不在那里——只能说，它们在一处比在另一处更有可能出现。测量一个原子的大小有点像测量一个棉球的大小，答案取决于你决定把它压缩到什么程度。也就是说，原子的大小也取决于人们选择如何测量它。

为了解决这个问题，科学家们想出了几种测量原子尺寸的方法。一个常见的方法叫作共价半径，它是两个相同原子的原子核之间距离的一半。这种方法对诸如氢或氧这样的原子很有效，因为这两种原子很容易自己就配对形成氢气（$H_2$）和氧气（$O_2$）。但是，我们该如何确定只以单原子形式存在的惰性气体的共价半径呢？

　　一种解决方法，即本书所采用的解决方法，就是忽略测量上的困难，使用标准量子力学方法计算半径。通过这种方法，人们得出了所有元素原子半径的一致值。

# 电负性

　　本章讨论的最后一个元素周期性特征是电负性。电负性差不多就是电离能的相对面，电离能衡量的是从原子中移除电子的难易度，而电负性衡量的是原子对电子的吸引能力。但是，这两个值源于不同的化学性质，电离能是原子在气态状态下的性质，而电负性是原子与另一个原子结合，形成化学键时的性质。

　　图5.4展示了元素电负性的周期性特征。总体而言，同一族从上往下电负性逐渐减小，同一横行从左往右电负性逐渐增大。钫是电负性最小的元素，氟是电负性最大的元素。

　　与化合价一样，关于电负性的概念，化学家们也讨论了很长时间。但是长期以来，这一概念并没有对化学研究起到太大作用，直到1932年，曾两次获得诺贝尔奖的化学家莱纳斯·鲍林（Linus Pauling）建立起一种量化元素电负性的方法。鲍林给电负性最高的元素——氟，赋值3.98（大部分电负性表将该值四舍五入，化为4.0），然后基于该值计算其他元素的电负性。电负性的范围为0.7~4.0。

当两种元素发生化学反应，结合成化合物时，其电负性的差异就决定了两者之间化学键的性质。如果两种元素的电负性相似，它们结合时往往会共享一个电子。例如，在碳碳键中，两个碳原子共享价电子，这种化学键叫共价键，电负性相似的碳和氯，也会形成类似共价键的化学键。但是，如

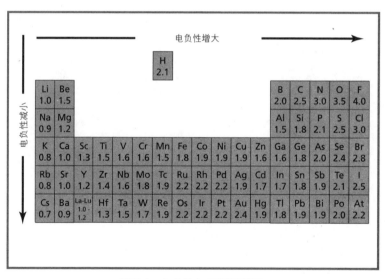

**图5.4 电负性与元素周期表**

注：总体而言，同一族从上往下电负性逐渐减小，同一横行从左往右电负性逐渐增大。

果两种元素的电负性存在较大的差异，往往会有一个电子更靠近其中一个原子，而远离另一个原子。比如上文中提到的铯和氟发生反应的例子，氟想要获取一个电子以填满最外层轨道，而铯原子核对最外层轨道中的电子吸引力非常小，因此，当两种元素混合在一起时，铯的最外层电子就会转移到氟，由此形成的化学键叫离子键。正如我们把食盐和四氯化碳放在一起对比时的情况一样，两个原子之间化学键的性质（离子键或者共价键）在决定生成化合物的性质上起着重要作用。我们将在下一章中继续探讨离子结合与共价结合。

# 第6章

# 化学反应：分子的形成

在前一章中，我们探究了元素的电子排布、周期和性质。本章将探讨化学家们如何制造更复杂的物质，即称为分子的物质组成部分。

分子由原子组成。由一个质子和一个电子组成的物质是氢原子，两个氢原子结合在一起就形成了一个氢分子，即 $H_2$，这是大气中常见的氢形式，也是最简单的分子，其原子质量单位约为2。有些分子可能非常大，特别是那些在生物机体内形成的分子，如人类和其他哺乳动物赖以生存的氧气运输分子——血红蛋白，它是一个原子质量单位约为65 000的大分子，含有4 600多个氢原子，2 953个碳原子，还包含少量的氮、氧、硫和铁原子。

当两个或两个以上的原子或分子形成新的大小不同的分子的过程，被称为化学反应。换句话说，当物质的化学性质发生变化时，化学反应就产生了。例如上文提到的，两个氢原子结合形成 $H_2$；铯和氟发生剧烈反应；在生物体内生成像血红蛋白这种复杂的分子。这些都需要发生不同的化学反应。

但发生在我们身边的某些变化并不是化学变化，而是同一种分子状态的变化。水、冰和蒸汽形态各异，但它们都是由 $H_2O$ 分子组成的。食盐是一种白色晶体物质，加水后这种固体会消失，但这个过程也没有发生化学反应。溶解在水中的仍然是氯化钠的一种状态。如果我们把水蒸发掉，剩下的固体就是一开始的食盐。

根据能量变化，化学反应可分为两种。反应时释放出热量的反应被称为放热反应，即反应物的热含量大于生成物的热含量。铯与氟发生的反应就是一种高放热反应。另一种叫吸热反应，即在反应进行过程中吸收热量，使外界环境温度降低。地球上最著名也是最重要的吸热反应是光合作用，它能将水和二氧化碳转化为葡萄糖和氧气。化学中的自发反应指的是反应开始后，不需要外加能量就能自动进行的反应。光合作用并不是自发反应，在光合作用中，如果没有外加能量，光合作用就不会发生，驱动光合作用的能量来自太阳的电磁辐射。

　　许多化学反应是可逆的。例如，以煤的形式燃烧碳是一种高放热反应。在这个过程中，氧原子与碳结合产生二氧化碳和热量。但是，二氧化碳与热碳会引起吸热反应，而这个吸热反应会部分逆转这个过程，把一个氧原子从二氧化碳上移除，形成一氧化碳。水也有同样的可逆反应。在空气中燃烧氢气会产生水和热量。通过电流（提供能量），就能使 $H_2O$ 分解，产生氢气和氧气。这个过程被称为电解。

　　许多放热反应都是自发反应。18 世纪晚期，化学家们面临的一个重大问题是：在不进行实验的条件下，如何区分自发反应和非自发反应？如果没有外加能量的促进，反应物必须具有什么特性才能进行反应？换句话说，是什么驱动了化学反应？

　　一位美国人给出了答案，他就是乔赛亚·威拉德·吉布斯（Josian Willard Gibbs）。吉布斯 15 岁就入学耶鲁大学，并获得了美国历史上第一个工程学博士学位，他是美国成就最高的理论物理学家之一，尽管他在科学界圈外并不出名。在当今日新月异的世界看来，他的职业生涯是不寻常的。1839 年，吉布斯出生在康涅狄格州的纽黑文市，1903 年，他在那里去世。他所有的学位都是在家乡的耶鲁大学取得的，一生之中大部分的时间都在这所大学任教[①]。也许是因为从未离

---

① 事实上，吉布斯在 1866—1869 年间辞职游学，在巴黎、柏林、海德堡各住了一年。这是他一生唯一离开家乡的日子，也对他后面的科学研究产生了巨大影响。

家太远，吉布斯有许多时间思考一个棘手的问题：化学物质是如何产生自发反应的？不管怎样，他得出了答案：一个现在被称为"吉布斯自由能"的参量。

## 反应预测

吉布斯自由能指的是做功所属的能量。在一个封闭系统内，即一个物质和能量都不增加或减少的系统内，吉布斯自由能可以用以下这个公式来表示：

$$G = H - TS$$

其中 $G$ 指的是这个系统的吉布斯自由能，$H$ 是指焓或热含量，$S$ 是熵（无序度或混乱度的量度），$T$ 是绝对温度。利用这个公式，可以计算出任何系统的吉布斯自由能。但如果缺乏以下这个关键的认知，这个知识点就没什么价值：

每个体系都试图使自由能最小化。

在化学反应中，一种或多种物质被转化成某种新物质。如果这个新物质的吉布斯自由能比原反应物低，反应就会自发进行，就像铯和氟的反应一样。如果没有，则必须外加能量才能使反应发生，如光合作用。要理解这一点，一个简单方法是考虑一个体系有 $x_1$ 和 $x_2$ 两种可能的状态。它们的吉布

斯自由能分别为 $G_1$ 和 $G_2$。状态 $x_1$ 是初始未反应状态；$x_2$ 是化学反应后的状态。如果 $G_1$ 大于 $G_2$，则反应将从 $x_1$ 向 $x_2$ 进行，以达到吉布斯自由能最小化的状态。如果 $G_1$ 小于 $G_2$，那么除非给该系统外加能量，否则反应就不会发生。这可以用数学公式更精确地表述为：

$$G_2 - G_1 < 0 \text{ 有利于反应}$$

$$G_2 - G_1 > 0 \text{ 不利于反应}$$

其中 < 是表示"小于"的数学符号，> 表示"大于"。如果 $G_2 - G_1 = 0$，那么这两种状态达到化学平衡。

吉布斯自由能的计算通常假定反应在等温等压的封闭系统条件下进行。因此，它可以写成：

$$G_2 - G_1 = H_2 - H_1 - T\,(S_2 - S_1)$$

或者

$$\Delta G = \Delta H - T\Delta S$$

在计算吉布斯自由能变化时使用的单位通常是常见的国际单位制（SI）单位系统。为了使数字更便于使用，这里引入一个新的量度单位：摩尔，也被称为物质的克分子。吉布斯自由能的单位是千焦每摩尔（$kJmol^{-1}$）；熵的单位是焦耳每摩尔每开尔文（$Jmol^{-1}K^{-1}$）（开尔文是绝对温度中使用的温度单位；1 开尔文等于 1 摄氏度），温度用开尔文表示。

1811 年，意大利物理学家阿马德奥·阿伏加德罗（Amadeo Avogadro）凭借着非凡的洞察力提出了摩尔的概念。

阿伏伽德罗提出分子是微小的独立实体这一准确假设。这使他进一步假设，在相同的温度和压强下，无论是哪种分子，相同体积的气体包含的该分子数量相同。例如，在相同规格的两个烧杯内分别装氢气和二氧化碳，如果两个烧杯中的气体处于相同的温度和压强下，第一个烧杯中氢分子的数量将等于第二个烧杯中二氧化碳分子的数量。

此外，如果烧杯的大小刚好可以容纳2克氢，也就是和一个氢分子的原子质量单位相当的克分子，那么该烧杯就可以容纳1摩尔的氢。如果同样的烧杯里有1摩尔的二氧化碳，气体的重量就是1个碳（原子质量单位=12）+ 2个氧（原子质量单位=2 × 16）= 44克。

把烧杯里的1摩尔氢气的体积压缩到原来的一半，仍然是1摩尔氢气。摩尔不是体积或重量的量度单位。1摩尔氢气的质量远远小于1摩尔二氧化碳的质量。摩尔就是阿伏伽德罗在两个世纪前所说的：微粒（通常是分子）的数量量度，即物质的克分子。19世纪后期，科学家们发明了确定这个数值的技术。现在的最佳估算值是每摩尔有$6.02 \times 10^{23}$个原子或分子。

现在，让我们回到吉布斯自由能公式，判断一下氢气和氧气是否会自发反应生成水。反应的公式可以写成：

$$H_2 + \tfrac{1}{2}O_2 \rightarrow H_2O$$

首先，我们必须判断这个反应是否是放热反应。根据吉布斯自由能公式，放热反应的 $\Delta H$ 为负值。这意味着生成物的热含量大于反应物的热含量。当系统进入低能态时，两种状态之间的热含量差在反应过程中被释放出来，而吸热反应则相反，如图6.1所示。

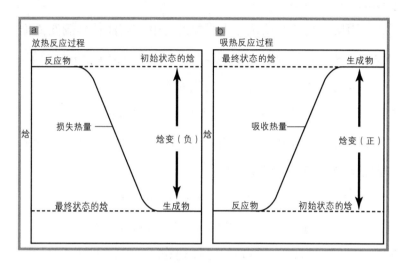

**图6.1 放热反应（a）与吸热反应（b）**

注：a.在放热反应中，反应物的热含量大于生成物的热含量。b.在吸热反应中，生成物的热含量大于反应物的热含量。

物质的标准生成焓是指其元素在25° C（或298 K）和标准大气压（气体）或1摩尔溶液（液体）的条件下生成1摩尔该物质所需的焓变。生成焓表通常以千焦每摩尔为单位。水的标准生成焓是–286千焦每摩尔。这里的负号表明该反应是放热反应，这个过程释放热量。

焓变只是吉布斯自由能公式的一部分，另一部分则说明了反应引起熵变的原因。根据一些表格给出的许多简单物质的熵，可以计算出熵变 $\Delta S$。这些表格给出的通常不是生成熵，而是总熵。与焓变的单位不同，熵变的单位不是千焦，而是焦耳每摩尔开尔文。

用反应物的总熵减去生成物的总熵，就能得到熵变 $\Delta S$。这样一来，我们就得到氢氧反应的熵变为 $-164$ 千焦每摩尔。所以该反应的吉布斯自由能公式如下：

$$\Delta G = -286 \text{ kJmol}^{-1} - \left[ (T)(-164 \text{ Jmol}^{-1}\text{K}^{-1}) \right]$$

因为这个公式中的所有数据都是在 $25°C$ 或 $298K$ 的标准温度下测量的，所以结果是：

$$\Delta G = -286 \text{ kJmol}^{-1} - \left[ (298)(-164 \text{ Jmol}^{-1}\text{K}^{-1}) \right]$$

$$或者 \Delta G = -286 \text{ kJmol}^{-1} + 49 \text{ kJmol}^{-1}$$

$$\Delta G = -237 \text{ kJmol}^{-1}$$

解吉布斯自由能公式的过程揭示了许多关于氢气和水反应的知识点。首先，$\Delta G$ 是负的，所以我们知道，该反应能自发进行。其次，焓变是负的，所以反应一定是放热的。最后熵变也是负的，这意味着反应物的熵比水的熵大。这并不奇怪，因为熵是无序度的量度，而气体比液体更无序，液体比固体更无序。在 $25°C$ 时，氢和氧是气态，而反应的产物水是液态。因此熵应该变小，事实也确实如此。

在这个例子的基础上，我们可以得出一些预测化学反应的一般标准。从例子中可以看出，计算中的焓变比熵变大得多。这通常（但不一定）是正确的。根据这个结论和吉布斯自由能公式，即使我们不知道吉布斯自由能的变化，我们也可以用四个定性规则来预测化学反应发生的可能性，如表6.1所示。

**表6.1  焓和熵的变化如何影响反应的自发性**

| 焓变 | 熵变 | 是否为自发反应 |
|---|---|---|
| 减小（放热） | 增大 | 是 |
| 增大（吸热） | 增大 | 当不利于自发反应的焓变被有利于自发反应的熵变抵消时，反应为自发反应 |
| 减小 | 减小 | 当不利于自发反应的熵变被有利于自发反应的焓变抵消时，反应为自发反应 |
| 增大 | 减小 | 否 |

现在，让我们再回到氢气和氧气的反应。该反应是放热的，而焓变超过了熵变，所以它是一个自发反应。"兴登堡号"飞艇上氢气与氧气燃烧的照片令人惊心动魄，看过这张照片的人都知道氢气与氧气的反应可以有多剧烈。但是，如果在实验室里把氢气和氧气混合在一起，根本不会发生任何反应。这是为什么呢？

许多反应像氢气和氧气那样，在往系统加入能量前，反应物可以和平共存。例如，如果没有人点燃火种，煤是不会给房子供暖的。"兴登堡号"是世界上最大的飞艇，但它依旧被由氢气和氧气的化学反应引起的爆炸摧毁，而这场化学反应极有可能是被一个小小的火花点燃的。这种引发某些化学反应所需的额外能量称为"活化能"。

　　为什么氢气和氧气需要一个小火花的点燃才能发生反应？这是因为要产生反应，氧分子$O_2$和氢分子$H_2$必须被分解成原子形式，即$O$和$H$。在常温下，氢气和氧气的混合物分子之间的动能不足以打破氢原子和氢原子之间的键。而一个小火花会使分子产生运动，使它们之间发生碰撞，产生足够的能量来启动反应。一旦反应开始，高度放热的反应就能产生足够的热量，并持续维持反应过程。活化能可以被视为反应物在反应开始前必须越过的一道山峰，如图6.2所示。

　　下一章将探讨化学反应的产物，原子间形成的化学键。

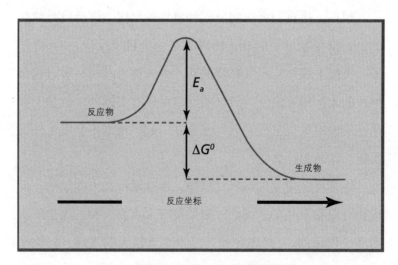

**图6.2**　反应发生前必须达到活化能（$E_a$）

## 降降温

　　化学反应不是唯一受吉布斯方程制约的过程。只有当吉布斯自由能变化为负值时，固体才会自发地溶解在液体中。与化学反应一样，这个过程可以是放热的，也可以是吸热的。将氢氧化钠（NaOH）加入烧杯中的水中会产生强烈的放热反应。当这种白色粉末溶解时，它释放出的热量足以烧伤人们拿着烧杯的手。吸热过程通常不太激烈，但同样有趣。

　　当硝酸铵（$NH_4NO_3$）溶于水时，它会吸收热量。因此，它的标准溶液的焓必为正。这意味着，硝酸铵从固体变成溶液所引起的熵变必须增加，以使该过程自发进行。这也符合人们对于熵的认识，即熵是用于衡量随机性或者说无序性的量。

　　固体硝酸铵是一种有序的晶体物质，这种状态比"离子存在于水中"这一状态的随机性要小得多。在这种情况下，正的熵的变化超过了焓的变化。也就是说，$T\Delta S > \Delta H$，吉布斯自由能的变化为负，所以这个过程是自发的。商店里出售的许多冷敷袋都使用这种吸热反应：冰袋内通常有一个薄薄的塑料袋，里面装着固体硝酸铵，薄塑料袋外的一层中装满了水。有外力击打冰袋时，冰袋的内袋破裂并释放出硝酸铵；硝酸铵溶解之后，用于降温的冰袋就做好了。人们便可以用冰袋缓解疼痛或是关节肿胀。

# 第7章

# 化学键

分子中的原子由化学键连接。化学键是两个或两个以上原子的价电子或最外层电子相互作用时形成的。原子间化学键的性质在很大程度上决定了分子的性质。在第五章中，我们介绍了两种常见的化学键：共价键和离子键。电负性相似的元素共用电子时形成共价键。但当电负性相差很大的元素交换一个或多个电子时则会形成离子键。

# 离子键

　　原子交换或共用电子，是为了达到更稳定的状态。而原子最稳定的状态是当它所有的电子层都被填满时——就像我们的老朋友稀有气体一样。第四章的表4.1显示了稀有气体的电子排布，其最外层的电子层有8个电子。这一认识使化学家们得出了八隅体规则，即为了使最外层电子层有八个电子，元素一般会失去、得到或共用电子。当然，八隅体规则也有例外。例如，氢和锂只需要两个电子就可以填满它们的最外层轨道。总的来说，八隅体规则适用于大多数元素。

　　原子根据能量最低原理得到八个价电子。钠的电子构型如下：

$$Na（Z = 11）1s^2\,2s^2\,2p^6\,3s^1$$

　　根据能量最低原理，钠在其最外层电子层获得8个电子的方法是失去$3s$轨道上的电子。这就产生了一个净电荷为+1的钠离子，即$Na^+$。所有的第一主族碱金属都有相同的行为，即在化学反应中很容易失去电子而形成带正电荷的离子。由于带正电荷的离子会迁移到带负电荷的阴极，所以它们被称为阳离子。

　　元素周期表第二主族的碱土金属必须失去两个电子才能

达到更稳定的状态。镁是一种碱土金属，其电子构型为：

$$Mg（Z = 12）1s^2\,2s^2\,2p^6\,3s^2$$

镁必须在3s轨道上失去两个电子才能遵守八隅体规则，这就产生了一个带+2电荷的镁离子。因此，镁离子与钠离子具有相同的电子构型，但电荷不同。这两种离子都具有与稀有气体氖相同的稳定电子构型：

$$Ne（Z = 10）1s^2\,2s^2\,2p^6$$
$$Na^+（Z = 11）1s^2\,2s^2\,2p^6$$
$$Mg^{++}（Z = 12）1s^2\,2s^2\,2p^6$$

原子序数越高的原子越难形成阳离子。例如，镉位于稀有气体氪和氙之间，其电子构型为：

$$Kr（Z = 36）[Ar]\,3d^{10}\,4s^2\,4p^6$$
$$Cd（Z = 48）[Ar]\,3d^{10}\,4s^2\,4p^6\,5s^2\,4d^{10}$$
$$Xe（Z = 54）[Ar]\,3d^{10}\,4s^2\,4p^6\,4d^{10}\,5s^2\,5p^6$$

镉必须失去12个电子才能达到与氪相同的电子构型，必须得到6个电子才能得到与氙相同的电子构型。而不管达到任何一种电子构型，都需要大量的能量，才能产生带有高电荷的镉离子。

那么，与电子受体[①]的化学反应中，镉做了什么呢？虽然它无法达到与稀有气体相同的电子构型，但它有一个填满的电子外层，$n = 4$。即在与电子受体的化学反应中，镉释放

---

① 指在电子传递中接受电子的物质和被还原的物质，与之相对的是电子供体。

了 5s 轨道上的两个电子, 留下了一个填满的电子外层:

$$Cd [Ar] 3d^{10} 4s^2 4p^6 5s^2 4d^{10} \rightarrow$$

$$Cd^{++} [Ar] 3d^{10} 4s^2 4p^6 4d^{10} + 2e^-$$

从图 5.3 可以看出, 在元素周期表中, 电离能的变化趋势是从左到右逐渐增大。在最右边稀有气体旁边的是卤素元素。氯是典型的卤素。

氯必须失去 7 个电子才能达到与氖相同的电子构型。但如果它得到一个电子, 它就会有和氩一样稳定的电子构型。这就是氯的作用原理。如果它遇到钠等具有高能价电子的原子, 就会有电子迁移到氯原子上并形成氯离子:

$$Cl [Ne] 3s^2 3p^5 + e^- \rightarrow Cl^- [Ne] 3s^2 3p^6$$

钠与氯反应生成的氯化钠 (NaCl), 是一个电子从钠原子转移到氯原子时, 由钠离子 ($Na^+$) 和氯离子 ($Cl^-$) 通过离子键结合在一起形成的化合物。离子键不能通过共用电子使分子结合在一起, 而是通过两个带相反电荷的离子之间的静电作用使分子结合在一起。

# 共价键

共价键形成于具有相似电负性的原子之间。在共价键反应中，电子不像离子键那样从一个原子迁移到另一个原子，而是被分子中的原子共享。加州大学伯克利分校的化学家吉尔伯特·路易斯（Gilbert Lewis）提出了一种很好的形象化表达，即用点表示元素或分子的价电子的结构式。这种方法叫"路易斯点结构式"。

路易斯点结构式是在20世纪初被构想出来的，当时，化学家们仍然相信电子是绕着原子核旋转的微粒。现在看来，当年路易斯画的那张图已经过时了，但路易斯点结构式仍然有助于可视化和理解化学反应。

氢、氧和水的路易斯点结构式是：

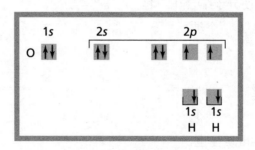

水分子中共享的电子填满了氢和氧的外层电子层，这个分子的电子构型包括两个共享的电子，如图7.1所示。

**图7.1**　水分子的电子构型

　　钠和氯、氢和氧之间电负性的差异导致一对原子形成离子键，另一对原子形成共价键。

　　钠和氯的电负性差 2.23，而氢和氧的电负性差仅为 1.24（见表 7.1）。一般来说，两个电负性差大于 2.0 的原子组成的分子会形成离子键。两个电负性差小于 2.0 的原子组成的分子会形成共价键。由离子键形成的盐和由共价键形成的水就符合这一规则。

表 7.1　鲍林标度

| 元素 | 电负性 |
|---|---|
| 钠 | 0.93 |
| 氯 | 3.16 |
| 氢 | 2.20 |
| 氧 | 3.44 |

　　如果两个原子具有相同的电负性，那么它们之间的键就是纯共价的。例如，氢气以两个相同的原子的形式存在，即 H–H。由于氢分子中的两个原子具有相同的电负性，所以它们形成了一个纯共价键，两个电子可以由两个原子平均共享。

　　而水是由不同的原子组成的。氧的电负性虽然比氢大得多，但二者差异不大，无法完全捕获氢的电子。但即便如此，氧的电负性也比氢大，因此，吸引电子的力比氢强。这样的共价键具有一定的离子性质。以水为例，这意味着氧原

子带一个小的负电荷，而氢原子带正电荷。电荷的分离产生
了电偶极子①，而产生电荷轻微分离的键叫极性共价键。

在一些分子中，极性共价键的一个重要作用是促使分
子形成氢键。氢键是指分子中具有高电负性的元素（如氟、
氯、氧）与相邻分子中带部分正电荷的氢原子之间的静电作
用力。氢键是分子间的键，虽然它们比把分子结合在一起的
离子键或共价键弱得多，但氢键对物质的性质有很大的影
响。水是一个很好的例子。由于氢原子带正电荷，所以它容
易与附近分子中的氧原子结合，如图7.2所示。

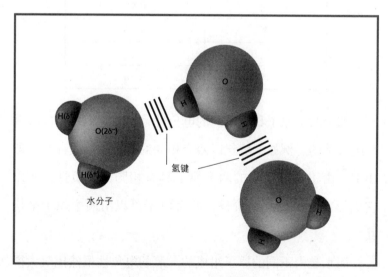

**图7.2　水分子之间的氢键**

注：水分子中部分带正电荷的氢原子与部分带负电荷的氧原子之间形成氢键。

――――――――――

① 电偶极子是两个等量异号点电荷组成的分子。

　　由于电子的相互作用，由带氢键的分子形成的物质比那些由纯共价键构成的物质更紧密。这种内聚作用使水在室温下呈液态，而共价键构成的较重的分子，如氯（$Cl_2$）等，则呈气态。

　　水的内聚作用也造成它的高表面张力。分子间表面上的静电吸引使氢键相互黏附，并使氢键吸附在下面的分子上，所以其表面就像有一层薄膜覆盖在上面。夏天到池塘边闲逛时，细心的观察者很可能会看到一只大虫子在池塘的水面上行走。这种昆虫会水上漂，它依靠的就是水中氢键产生的防止昆虫下沉的高表面张力。

　　一些由极性共价键构成的分子本身并不是极性的。这些分子的对称性抵消了能产生极性的单个原子之间电荷的分离。四氯化碳（$CCl_4$）就是一个很好的例子：

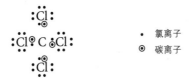

· 　氯离子
⊙　碳离子

　　氯的电负性比碳大得多，所以每个氯原子和碳原子之间存在一个强电偶极子。但氯原子对称地排列在碳原子周围，所以尽管它的原子之间有四个极性共价键，但是分子本身不是极性的。

　　下一节我们将探讨其他类型的共价键。

# 最重要的氢键

一条DNA链向另一条DNA链介绍自己："我的名字是键，全名是氢键。我们来配对吧！"这是一个老掉牙的笑话，但却也是一个科学的笑话。氢键在脱氧核糖核酸（DNA）的结构中起着关键作用。脱氧核糖核酸是遗传密码的载体，也是地球上所有生命所必需的分子。

DNA的关键成分是四种碱基，科学家将其缩写为A（腺嘌呤）、C（胞嘧啶）、G（鸟嘌呤）和T（胸腺嘧啶）。如果把一个细胞核中的所有DNA拉直，长度将达到6英尺（约1.83米）；而这四个字母在这条DNA"绳子"上面则以不同的排列组合形式重复出现了约30亿次。这些字母的顺序就是所谓的"遗传密码"。所有多细胞生命都是从一个单细胞开始的。以人体为例，这个单细胞中的DNA不断复制，并最终占据了人体中数万亿个细胞中的每一个。为了实现这一目标，最开始那个细胞中的DNA必须多次自我复制。这种复制的关键就是著名的DNA双螺旋结构。当两条DNA链——我们称它们为X链和Y链——分开时，每条单链都可以组装成为另一条双链。X链构建出一个新的Y链，形成一个新的双螺旋，Y链同理。这便使得DNA分子的数量增加了一倍。这一机制得益于DNA的两条链在正常条件下都能够连在一起，但也能轻易解开——这就是氢键的作用。

DNA双螺旋的两条单链的骨架都是糖和磷酸盐，而单链之内是由强共价键固定在一起的。附着在单链上的是碱基。碱基含有高电负性的氮原子和氧原子，氮原子和氧原子再各自与氢原子相连。一条单链上的强电负性原子与另一条单链上的电负性原子共享一个氢原子，便形成了一个氢键。如图7.3所示，一个A与一

个 T 之间有两个氢键，C 与 G 之间则有三个氢键。弗朗西斯·克里克（Francis Crick）是诺贝尔奖得主，他与詹姆斯·沃森（James Watson）共同发现了 DNA 分子的结构。被赞为"生命的秘密"的 DNA 分子双螺旋结构的最重要的特性就是依赖弱氢键。

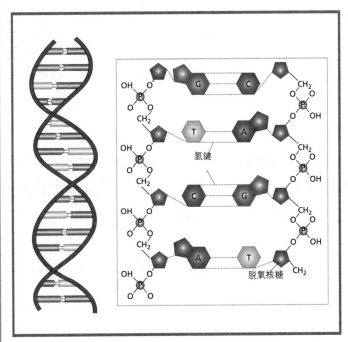

**图7.3　DNA结构**

注：DNA 的结构类似于一把被扭曲的梯子。梯子的横档由碱基（鸟嘌呤、胸腺嘧啶、胞嘧啶和腺嘌呤）组成，它们之间形成氢键。

# 双键、三键和共振

　　研究更复杂的分子需要一种更好的方法来确定其结构。一个简单的例子是水，我们用分子式 $H_2O$ 表示水，这让我们可以知道，这个分子中有两个氢原子和一个氧原子。但它没有指出原子是如何排列的。在这本书中，水的结构是 HOH，即两个氢原子连着一个氧原子。但是如果根据分子式，$H_2O$ 还可以有另一个不同的结构，即 HHO，两个氢原子之间有一个键，而其中一个氢原子和氧之间有一个键。路易斯点结构式显示了分子的组合方式，但是对大而复杂的分子而言，绘制路易斯点结构式是不切实际的。

　　现代分子结构式使用短横线来表示由一对电子组成的共价键，每个电子来自一个原子。水的分子结构式是 H–O–H。其他几种常见物质的分子结构式如图7.4所示。

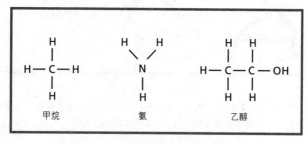

**图7.4　三种常见物质的分子结构式**

为了达到电子层外层被填满的最低能态，原子有时会共用一个以上的电子。例如，氧的外层$p$轨道有6个电子。氧最常见的形式是$O_2$。为了填满两个原子的电子层，它们必须共用两个电子。形成分子及其结构的反应为：

$$:\overset{..}{\underset{..}{O}}: \ + \ :\overset{..}{\underset{..}{O}}: \ \longrightarrow \ :\overset{..}{\underset{..}{O}}::\overset{..}{\underset{..}{O}}: \quad \text{或者} \quad O + O \longrightarrow O = O$$

在$O_2$的分子结构式中，共用两对电子用两个平行的短横来表示，即双键。有时三对电子共用，就用三个平行的短横来表示，即三键：

| $N_2$ | $C_2H_2$ | HCN |
|---|---|---|
| $N \equiv N$ | $H - C \equiv C - H$ | $H - C \equiv N$ |
| 氮 | 乙炔 | 氰化氢 |

具有双键或三键的化合物有时存在不止一个正确的结构式。例如，臭氧就可以写成以下两种正确的结构式：

$$\overset{O}{\underset{O\diagdown O}{\diagup\diagup}} \longleftrightarrow \overset{O}{\underset{O\diagdown O}{\diagup\diagup}}$$

臭氧

另一个例子是苯，一种芳香化合物：

苯

苯的这两个结构式哪个是正确的？答案是两个都不正确。这两种结构称为共振结构。"共振"这个术语有点具有误导性，因为它似乎意味着苯在这两种结构中来回摇摆。但实际上，在苯这样的共振结构中，碳碳键的长度都是一样的。共振结构只有一种形式，一种介于这两种可能性之间的共振杂化体。

共振结构是由电子离域现象引起的。苯环中三个双键上的电子对是游离的，这些电子不属于特定的原子或键。因此，苯环中不存在普通的双键，电子处于跨越相邻原子的轨道上。这种离域电子通常用环内的圆表示：

分子的共振形式比形成它们的结构更稳定，因为新轨道延伸到整个分子上，这使得电子的波长更长，相应地，能量更低。离域化也体现在本章最后的两个话题中：分子轨道和金属键。

# 分子轨道

用来表示分子结构的公式基于价键理论：双键和三键只是额外的共用价电子对。不过，结构公式虽然有用，但无法说明分子中原子间化学键的全部性质。价键理论无法用于解释离域电子和共振结构。因此，为了弄清分子内部到底发生了什么，化学家们不得不进行更深入的研究。

路易斯点结构式和最简单的分子 $H_2$ 的分子式：

H – H　　　　H∶H

原子的轨道指的是什么？原子的价电子云合并成一个分子时又会发生什么？答案是，分子将会形成自己的轨道，称为分子轨道，分子轨道可以定义为分子中原子的价电子轨道的组合。

为了得到氢分子的轨道，我们将两个氢原子的轨道叠加起来，就可以得到一个延伸到两个原子上的成键分子轨道。如果我们将两个原子轨道相减，就可以得到反键分子轨道。这个过程被称为原子轨道的线性组合（LCAO）。

当两个氢原子相遇时，两个球形的 s 轨道相互作用，形成一个哑铃状的分子轨道。该轨道被两个电子占据时，称为 σ 键，如图7.5所示。它被称为 σ 键，是因为沿着成键轴观察时，分子轨道是球形的，就像 s 轨道一样。（sigma 这个英

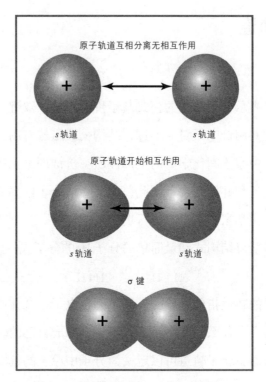

图7.5   两个 s 轨道叠加形成 σ 键的过程

文单词表示希腊字母 σ ，对应于英文字母 s。）

　　氢分子在成键轨道中两个带正电荷的原子核之间有很高的电子密度。这调节了原子核之间的排斥力，使分子的能量低于相互反应的原子，因此必须增加能量才能使氢原子分裂。而在反键轨道中原子核之间的电子密度较低，这使得它比单个原子或成键分子的能量更高。图7.6生动地说明了这一点。

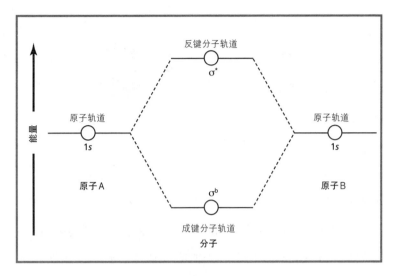

**图7.6** H₂分子的成键和反键分子轨道

注：显示了H₂分子的成键分子轨道和反键分子轨道。反键轨道比成键轨道能量更高。

　　具有 $p$ 轨道的原子也可以形成 σ 键。氟（$1s^2 2s^2 2p^5$）有一个半满的 $p$ 轨道。当它与另一个氟原子反应时，两个 $p$ 轨道端对端重叠，形成沿成键轴对称的键（图7.7）。

　　如图7.8所示，当两个 $p$ 轨道以并排的方式重叠时，它

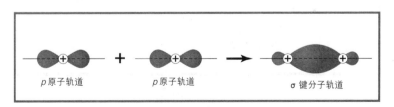

**图7.7** 氟原子的 $p$ 轨道形成 σ 键

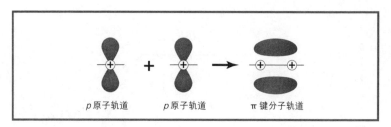

*p* 原子轨道 　　　 *p* 原子轨道 　　　 π 键分子轨道

**图7.8　两个 *p* 轨道形成 π 键**

们就形成了一个 π 键。这种化学键是以希腊字母 *p* 命名的。π 键中的电子云重叠比 σ 键中的电子云少，因此它们也相对较弱。π 键通常存在于双键或三键的分子中，比如乙烯这种简单的双键分子（如图7.9），两个垂直的 *p* 轨道形成了一个 π 键，两个水平 *p* 轨道形成 σ 键。

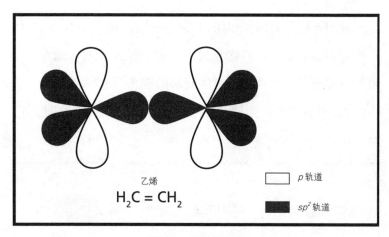

乙烯

$H_2C = CH_2$

□ *p* 轨道

■ $sp^2$ 轨道

**图7.9　乙烯的双键**

注：所示的是乙烯（$C_2H_4$）的双键。乙烯的垂直 *p* 轨道形成 π 键，水平 $sp^2$ 轨道形成 σ 键。

分子轨道理论很好地解释了分子的结构。它向我们说明了原子间的距离，原子之间的键合角，以及电子的能量。但分子轨道理论涉及复杂的波函数，是一个繁琐的过程。目前有两种更简单但不那么严密的方法可以研究分子中原子的排列。

## 杂化轨道法

杂化轨道法是一种通过混合原子的价电子轨道来预测分子空间构型的简化方法。例如，甲烷（$CH_4$）由一个电子构型为 $1s^2\,2s^2\,2p^2$ 的碳原子组成。氢原子的电子构型是 $1s$。因此，甲烷分子的空间构型是四面体，所有的碳氢键长都是相等的。化学家们需要一种比完整的分子轨道分析更简便的方法来回答这个问题：碳的 $s$ 轨道和 $p$ 轨道在形状和长度上有很大的差异，那么，氢如何与碳的 $s$ 轨道和 $p$ 轨道结合，形成四个键长相等的分子？

为了解释甲烷等分子的空间构型，1931 年，化学家莱纳斯·鲍林提出，碳（以及其他原子）的原子轨道在反应时杂化。碳的 $s$ 轨道和 $p$ 轨道不再与氢相互作用，而是形成四个相同的杂化轨道，称为 $sp^3$ 轨道。这些轨道与氢原子结合形

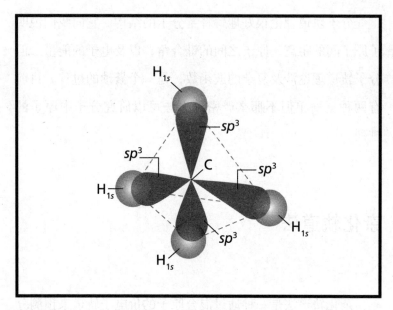

图7.10　甲烷分子的四面体结构

成 σ 键，从而形成如图7.10所示的所有键长都相等的四面体结构。这个杂化结构与实验数据相吻合。自此，杂化的概念开始扩展到其他原子轨道。一些杂化轨道如图7.11所示。

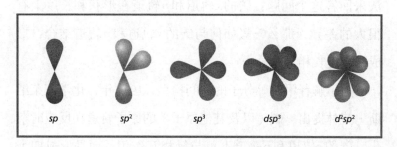

图7.11　杂化的类型与形式的轨道形状

# 价层电子对互斥理论

另一种研究分子空间构型的方法是价层电子对互斥理论（VSEPR）。该理论认为，分子的形状是由围绕中心原子的电子对之间的斥力决定的。这就可以解释，为什么水的键合角

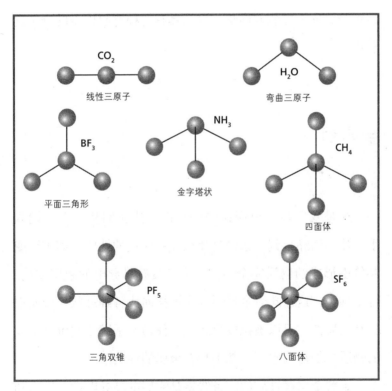

CO$_2$

线性三原子

H$_2$O

弯曲三原子

BF$_3$

平面三角形

NH$_3$

金字塔状

CH$_4$

四面体

PF$_5$

三角双锥

SF$_6$

八面体

**图7.12** 带中心原子的分子构型

不是90度。想要得到90度角只有氢和氧互成直角的$p$轨道形成两个 σ 键才行。但水的键合角实际为105度，这可以用价电子对之间的斥力来解释：斥力造成了水的四面体结构，其中两个位置被氢原子占据，另外两个位置被未成键的电子对占据。

价层电子对互斥理论在预测由成键原子和非成键电子围绕中心原子组成的分子形状时最有用。图7.12显示了包含中心原子的分子可能的形状，以及具有这种空间构型的分子化学式。

## 金属键

这是我们最后要探讨的一种键。让我们从一个问题入手：让金属黏合到一起的是什么？铜或镁的性质与离子键或共价键形成的物质完全不同。金属具有易导电的致密结构，可塑性强，这意味着金属很容易被扭曲成各种形状。金属也具有延展性，可以被拉成金属线。任何离子键或共价键形成的物质，如盐或水等，都不具有金属的性质。

了解金属键性质的一条线索是它们的高导电性。纯水和纯盐以及大多数由离子键或共价键形成的物质一样，它们的导电性不好。但纯铜的导电性很好。根据电导率（测量电子自由移动程度的一种方法），金属的高导电性表明它们的电子比盐或水中的电子更易移动。

　　由于金属电子很容易自由移动，而且密度高，所以科学家们推测，金属是密集排列的带正电荷的原子晶格，具有大量可以自由移动的价电子。如图7.13所示，这种结构现在已被广泛接受。

　　电子不属于分子中任一特定原子的概念让我们想起了共振结构。金属中的电子也是离域的。钠的电子与任何特定

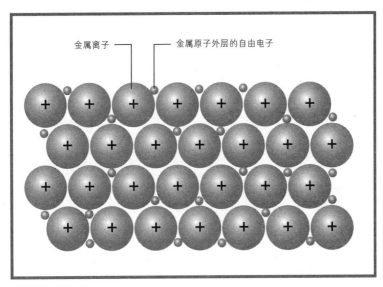

金属离子　　　　　金属原子外层的自由电子

**图7.13　金属键**

注：金属的外层电子不受任一原子的束缚，所以很容易在大量自由活动的电子中移动。

的原子无关，就像苯双键中的电子与任何特定的原子无关一样。

　　钠的每个原子都有一个相同的外层 $3s$ 轨道，该轨道包含一个电子。单个原子轨道重叠形成大量的分子轨道，电子可以在其中自由移动，这使得钠和其他金属具有很高的导电性。在金属丝的一端引入一个电子 A，几乎完全相同轨道中的电子 B 马上从另一端被弹出。金属键的离域电子确保在这个过程中损失很小的能量，这使得金属线成为电线的首选材料。

第8章

# 常见的化合物，不常见的结果

本章将探讨化学家们如何运用来之不易的原子和分子知识，更好地了解我们周围的日常世界。盐①和水是地球上最常见也是最重要的两种化合物。是哪些属性使它们变得如此重要？又是哪些化学性质赋予了它们这些属性？

盐的主要成分是氯化钠，一种白色晶体物质，氯化钠由钠离子和氯离子之间的静电力结合到一起交替排列而成。盐是人类生活所必需的物质，人的体内平均约含有110克盐。许多钠离子存在于血液中，和其他物质一起发挥作用，例如调节血压。因为盐会在汗水和尿液中流失，所以我们需要在日常饮食中经常摄入盐。

---

① 这里的盐，多指食用盐。

对人类来说，盐一直是一种重要的物质。随着农业的发展，它的重要性更是日益凸显。肉含有盐，但植物含有的盐分不足以维持动物的生命。因此，鹿必须舐食岩盐才能获得足够的盐分，而狼则不需要这样做。

## 舐盐

自然界中的盐被称为光卤石。光卤石是海水蒸发后留下的。例如，密歇根州在数亿年前曾数次被海水覆盖，而当海洋消失时，便留下了大量的光卤石沉积。在某一时期，海洋曾覆盖整个地球，所以几乎在世界上任何地方都可以找到卤化物矿床。

其中，有许多矿床位于地下，因此必须通过开采这些矿床才能获得盐。但也有一些矿床在地表，这些矿床就被称"为动物舐食岩渍之地"，即盐碱地，因为鹿、水牛和其他动物会舔舐这些盐。如果不从盐碱地或地里的盐水中补充盐分，许多食草动物就无法生存。因为这些动物主要以草和其他植物为食，而植物不能提供足够的盐分来维持它们的生命。因此，动物们经常去舔盐碱地。它们所走的路就是美国早期移民所走过的路，因而现在的许多城市也位于旧盐碱地附近。在美国，有一条通往盐场的道路是由水牛群走出来的，而那座背靠盐场成长起来的城镇就是现在纽约州的水牛城。

这些天来，到处都有舐盐销售。有些舐盐是经人工加工的，添加了有助于"马匹健康"的成分。有些则是真正来自于矿场的天然舐盐。后者主要销售给猎鹿人，因为他们想把鹿引诱到自己的潜伏之处。显然，后一种舐盐确有奇效。正如一则广告语所宣称的那样，"雄鹿在此停留"。

# 盐和水

在其他方面，盐对人类来说也很重要。除了维持我们的生命和使我们的食物变得更美味之外，盐最古老和最重要的用途可能是储存肉和鱼类。在冰箱被发明出来之前，盐被广泛用作防腐剂。即使是熏制或风干的肉，事先也要用盐水浸泡。在航行的渔船上，用盐腌制是保存鱼类唯一的方法。渔民们有两个选择：要么抓少量鱼后回到港口，在鱼变坏之前把它们运送出去；要么在船上用盐把鱼腌起来，在海上多逗留一会儿。腌制方法使欧洲渔民能够扬帆远航，开发利用世界上最多产的一大渔场——北大西洋的大鳕鱼渔场。船只满载着盐离开欧洲港口，回来时又满载着咸鳕鱼。

盐的防腐能力来源于它的化学性质和与水相互作用时产生的化学反应。水分子是一个四面体结构。但它看起来不像一个四面体，因为它的两个位置不是由原子占据的，而是由电子对占据的。另一个呈四面体结构的分子是四氯化碳。这两个分子结构的不同之处在于，四氯化碳没有未成键的电子对（图8.1）。

因为氯的电负性比碳强，所以四氯化碳有四个极性共价键。但是，正如前面所指出的，分子的对称性抵消了单键的电偶极子，所以分子具有非极性。与水一样，四氯化碳也是

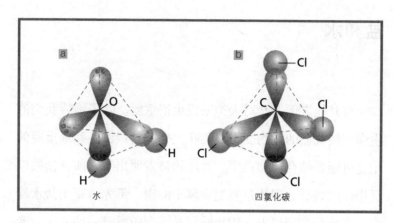

**图8.1　水和四氯化碳的四面体结构**

注：水和四氯化碳都是四面体结构。但与水不同，四氯化碳没有任何未成键的电子对。

一种很好的溶剂。它曾一度被用作干洗剂。然而，水和四氯化碳可以溶解的化合物种类完全不同。四氯化碳与非极性有机化合物形成溶液。例如，它可以和苯无限混溶，而水则无法和苯相溶。

但水对于像盐等由离子键形成的物质来说是一种极好的溶剂。它成功的秘密在于氢原子和氧原子之间的极性共价键所产生的电偶极。在水中，极性键是不对称的，氢一侧是正电荷，氧一侧是负电荷。衡量一个分子中电荷分离量的标准是它的介电常数。水的介电常数比任何其他普通的液体都要高得多。

把盐晶体加入水时，水分子的正极与负氯离子结合，负极与钠离子结合。事实上，水分子会把两种离子分开。一旦进入溶液中，水分子就会包围离子。水分子的负电荷端与钠离子相对，另一端与氯离子相对，如图8.2所示。

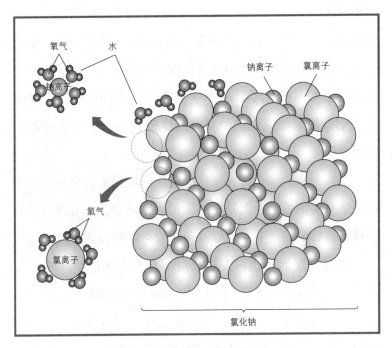

**图8.2　水溶剂**

注：盐由带正电的钠离子和带负电的氯离子组成。当盐溶于水时，钠离子和氯离子被水分子分开。带正电荷的氢原子围绕着氯离子，而带负电荷的氧原子围绕着钠离子。

　　因为盐离子和水分子的电偶极子之间的吸引力，让盐具有亲水性——它能够吸收水。这让我们回到了鱼类的话题。将鳕鱼（或其他鱼类或肉类）放入盐中，盐会从周围的肉和细菌细胞中吸收水分，杀死有害细菌或减缓其滋长，从而保护了鱼类。盐的防腐作用非常强大，一千年前，巴斯克渔民就已经开始在北大西洋捕捞并腌制鳕鱼，然后把它们卖到遥远的南方。根据马克·克兰斯基的书《盐的世界历史》，"风干和盐腌的鳕鱼像木板一样硬，即使在处于温暖的地中海气候的地区，也可以装在马车里长途跋涉。"虽然渔民、车夫和腌鳕鱼的最终食用者不知道，也可能不关心，但他们确实从这种不寻常的化学反应中受益匪浅。这种化学反应是由离子结合形成的氯化钠和具有高度极性共价键的水的相互作用。

　　腌鱼现在不那么常见了。冷藏已经取代腌制成为了保存肉类最方便的方法。但是在冷冻鱼的冰箱里，水表现出了另一种不寻常的特性——它以一种非常奇特的方式变成了冰。

　　随着温度的变化，大多数液体具有可预测的表现。苯就是一个很好的例子。在5.5°C到80.1°C之间，苯是一种液体，和水没有太大的区别（水在0°C时结冰，在100°C时沸腾）。当液态苯冷却时，它的密度变大，这是预料之中的。因为当分子的热能降低时，它们会更紧密地聚集在一起。当温度达到苯的凝固点时，固体苯就形成了，此时苯分子的排列会尽可能紧密，这就是为什么大多数化合物的固相密度比液相大。

如果水和苯类似，那么随着温度的降低，湖泊就会从底部开始向上冻结，变成固态冰。在苯的世界里，鱼无法在寒冷的气候中生存，冰山可能会沉到海底，"泰坦尼克号"可能还浮在海上。如果水像苯一样，我们所了解的世界将会是一片混乱。这就引出了一个问题：为什么水和苯不一样呢？

答案再次回到水的强极性共价键上。水的强极性共价键使得它能够与相邻的分子形成氢键。在前一章中，我们展示了氢键是如何将DNA的双螺旋结构连接在一起的，而水分子之间也会形成氢键。当水冷却到凝固点时，分子的热能减少，密度增大，就像苯一样。但在4°C时，不寻常的事情发生了：水的密度开始减小。化学家们现在知道，这是因为氢键造成的水分子之间的特殊作用力。冷却的水中正在形成一个局部有序的结构，这种局部有序的结构变成了冰中的刚性晶格。冰晶中的每个水分子都与其他四个分子相连（图8.3）。

在由氢键组成的冰晶中，如果没有氢键，单个的水分子无法紧密地聚合在一起。因此，冰的密度比水的密度低，冰块会漂浮在水面，而苯块则会下沉。

一个氧原子和两个氢原子之间的化学键性质对我们星球的运作方式有着巨大的影响。由于具有高度极性的共价键，盐溶于水，这使得我们的祖先能够保存肉类。氢键的产生使

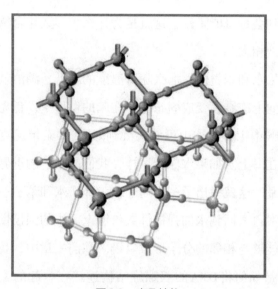

**图8.3**　冰晶结构

注：在六边形的冰晶中，每个分子与其他四个分子相连。
分子排列成六角形的环状。

我们的湖泊自上而下冻结，使滑冰的人能够在上面玩乐，而
鱼能够在下面自由游动。最后，氢键把我们的DNA链连接
在一起，没有它，生命就不可能存在。

## 盐和水之外

　　盐和水对地球上的生命至关重要，但许多其他化学物质

也很重要。人造的和天然的化合物有数百万种。从药物到衣服再到食物，它们被应用于生活的方方面面。

阿司匹林（$C_9H_8O_4$）也称为乙酰水杨酸，是历史最悠久，也是最有用的药物之一。虽然到了1899年，这种止痛药才首次被注册商标投入生产，但早在公元前5世纪，希腊的名医希波克拉底就已经从柳树的树皮中提取了含有这种药物成分的物质。即使制药工业已经开发出各种减轻疼痛的产品，但在今天的药店货架上，阿司匹林仍然是一种重要的药物。药房分发的处方药以及出售的化学药品种类更加繁多，从高血压到癌症，这些药品能帮助患各种疾病的患者。

衣服的材质则要归功于化学家们合成的化合物。第一种商用合成染料是在19世纪中期被生产出来的，是一种被称为苯胺紫（$C_{26}H_{23}N_4$）的紫色染料。天然的化学物质很早就被用来给衣服上色，但与合成染料相比，它们的价格更昂贵。苯胺紫的生产为工人阶级的衣服增添了色彩，使他们摆脱了纯棉和羊毛的暗淡颜色。后来，化学家们还发明了合成纤维。如今，你身上穿的衣服不仅颜色是由化学家们合成的化学物染成的，而且布料本身可能也是他们发明的。

另外，化学家和工程师们发明了利用空气中的氮来制造肥料的方法，这是人类历史上最重要的进步之一。在此之前，农民需要依靠鸟粪来给庄稼施肥。到20世纪初，鸟粪供应逐渐紧张。用哈伯法合成氨（$NH_3$）（以德国化学家弗里茨·哈伯的名字命名）制造的肥料拯救了全世界，使世界人口在20世纪翻了两番。如果没有哈伯法生产的合成肥料，数百万人将会饿死，今天仍是如此。

从水和氨等简单的化合物，到最复杂的化合物，都是由化学键结合形成的。由于形成化学键的原子性质不同，从纯共价键到强离子键，所有化学键都有不一样的表现。了解这些原子是化学这门科学的核心。对理查德·费曼"小粒子"的理解使得人类能够改造自然世界，满足自身需求。费曼的"原子假设"（或称原子事实，或随便你怎么称呼它）无疑是正确的，而且是对人类已有的科学知识最简洁、最重要的总结，我们必须将其代代相传下去。

# 附录一　元素周期表

图例：
3 — 原子序数
Li — 元素符号
锂 — 元素名称
6.941 — 原子质量

| IA 1 | IIA 2 | IIIB 3 | IVB 4 | VB 5 | VIB 6 | VIIB 7 | VIIIB 8 | VIIIB 9 | VIIIB 10 | IB 11 | IIB 12 | IIIA 13 | IVA 14 | VA 15 | VIA 16 | VIIA 17 | VIIIA 18 |
|---|---|---|---|---|---|---|---|---|---|---|---|---|---|---|---|---|---|
| 1 H 氢 1.00794 | | | | | | | | | | | | | | | | | 2 He 氦 4.0026 |
| 3 Li 锂 6.941 | 4 Be 铍 9.0122 | | | | | | | | | | | 5 B 硼 10.81 | 6 C 碳 12.011 | 7 N 氮 14.0067 | 8 O 氧 15.9994 | 9 F 氟 18.9984 | 10 Ne 氖 20.1798 |
| 11 Na 钠 22.9898 | 12 Mg 镁 24.3051 | | | | | | | | | | | 13 Al 铝 26.9815 | 14 Si 硅 28.0855 | 15 P 磷 30.9738 | 16 S 硫 32.067 | 17 Cl 氯 35.4528 | 18 Ar 氩 39.948 |
| 19 K 钾 39.0938 | 20 Ca 钙 40.078 | 21 Sc 钪 44.9559 | 22 Ti 钛 47.867 | 23 V 钒 50.9415 | 24 Cr 铬 51.9962 | 25 Mn 锰 54.938 | 26 Fe 铁 55.845 | 27 Co 钴 58.9332 | 28 Ni 镍 58.6934 | 29 Cu 铜 63.546 | 30 Zn 锌 65.409 | 31 Ga 镓 69.723 | 32 Ge 锗 72.61 | 33 As 砷 74.9216 | 34 Se 硒 78.96 | 35 Br 溴 79.904 | 36 Kr 氪 83.798 |
| 37 Rb 铷 85.4678 | 38 Sr 锶 87.62 | 39 Y 钇 88.906 | 40 Zr 锆 91.224 | 41 Nb 铌 92.9064 | 42 Mo 钼 95.94 | 43 Tc 锝 (98) | 44 Ru 钌 101.07 | 45 Rh 铑 102.9055 | 46 Pd 钯 106.42 | 47 Ag 银 107.8682 | 48 Cd 镉 112.412 | 49 In 铟 114.818 | 50 Sn 锡 118.711 | 51 Sb 锑 121.760 | 52 Te 碲 127.60 | 53 I 碘 126.9045 | 54 Xe 氙 131.29 |
| 55 Cs 铯 132.9054 | 56 Ba 钡 137.328 | 57-70 ☆ | 72 Hf 铪 178.49 | 73 Ta 钽 180.948 | 74 W 钨 183.84 | 75 Re 铼 186.207 | 76 Os 锇 190.23 | 77 Ir 铱 192.217 | 78 Pt 铂 195.08 | 79 Au 金 196.9655 | 80 Hg 汞 200.59 | 81 Tl 铊 204.3833 | 82 Pb 铅 207.2 | 83 Bi 铋 208.9804 | 84 Po 钋 (209) | 85 At 砹 (210) | 86 Rn 氡 (222) |
| 87 Fr 钫 (223) | 88 Ra 镭 (226) | 89-102 ★ | 104 Kf 钅卢 (261) | 105 Db 钅杜 (262) | 106 Sg 钅喜 (266) | 107 Bh 钅波 (262) | 108 Hs 钅黑 (263) | 109 Mt 钅麦 (268) | 110 Ds 钅达 (271) | 111 Rg 钅仑 (272) | 112 Cn 钅哥 (277) | 113 Uut 钅 (278) | 114 Fl 钅夫 (289) | 115 Uup (288) | 116 Lv 钅立 (289) | 117 Uus (294) | 118 Uuo (294) |

注：镧系第一格 71 Lu 镥 174.967；锕系第一格 103 Lr 铹 (260)。

**☆ 镧系元素**

| 57 La 镧 138.9055 | 58 Ce 铈 140.115 | 59 Pr 镨 140.908 | 60 Nd 钕 144.24 | 61 Pm 钷 (145) | 62 Sm 钐 150.36 | 63 Eu 铕 151.966 | 64 Gd 钆 157.25 | 65 Tb 铽 158.9253 | 66 Dy 镝 162.500 | 67 Ho 钬 164.9303 | 68 Er 铒 167.26 | 69 Tm 铥 168.9342 | 70 Yb 镱 173.04 |
|---|---|---|---|---|---|---|---|---|---|---|---|---|---|

**★ 锕系元素**

| 89 Ac 锕 (227) | 90 Th 钍 232.0381 | 91 Pa 镤 231.036 | 92 U 铀 238.0289 | 93 Np 镎 (237) | 94 Pu 钚 (244) | 95 Am 镅 243 | 96 Cm 锔 (247) | 97 Bk 锫 (247) | 98 Cf 锎 (251) | 99 Es 锿 (252) | 100 Fm 镄 (257) | 101 Md 钔 (258) | 102 No 锘 (259) |
|---|---|---|---|---|---|---|---|---|---|---|---|---|---|

括号中的数字是大多数稳定同位素的原子质量。

## 附录二 电子排布

图例：原子序数 — 元素符号 — 元素名称 — 电子排布

示例：3 Li 锂 [He]2s¹

**第1族 IA（$ns^1$）**
- 1 H 氢 $1s^1$
- 3 Li 锂 $[He]2s^1$
- 11 Na 钠 $[Ne]3s^1$
- 19 K 钾 $[Ar]4s^1$
- 37 Rb 铷 $[Kr]5s^1$
- 55 Cs 铯 $[Xe]6s^1$
- 87 Fr 钫 $[Rn]7s^1$

**第2族 IIA（$ns^2$）**
- 4 Be 铍 $[He]2s^2$
- 12 Mg 镁 $[Ne]3s^2$
- 20 Ca 钙 $[Ar]4s^2$
- 38 Sr 锶 $[Kr]5s^2$
- 56 Ba 钡 $[Xe]6s^2$
- 88 Ra 镭 $[Rn]7s^2$

**第3族 IIIB**
- 21 Sc 钪 $[Ar]4s^2 3d^1$
- 39 Y 钇 $[Kr]5s^2 4d^1$
- 57–70（镧系）
- 71 Lu 镥 $[Xe]6s^2 4f^{14} 5d^1$
- 89–102（锕系）
- 103 Lr 铹 $[Rn]7s^2 5f^{14} 6d^1$

**第4族 IVB**
- 22 Ti 钛 $[Ar]4s^2 3d^2$
- 40 Zr 锆 $[Kr]5s^2 4d^2$
- 72 Hf 铪 $[Xe]6s^2 4f^{14} 5d^2$
- 104 Kf 𬬻 $[Rn]7s^2 5f^{14} 6d^2$

**第5族 VB**
- 23 V 钒 $[Ar]4s^2 3d^3$
- 41 Nb 铌 $[Kr]5s^1 4d^4$
- 73 Ta 钽 $[Xe]6s^2 4f^{14} 5d^3$
- 105 Db 𬭊 $[Rn]7s^2 5f^{14} 6d^3$

**第6族 VIB**
- 24 Cr 铬 $[Ar]4s^1 3d^5$
- 42 Mo 钼 $[Kr]5s^1 4d^5$
- 74 W 钨 $[Xe]6s^2 4f^{14} 5d^4$
- 106 Sg 𬭳 $[Rn]7s^2 5f^{14} 6d^4$

**第7族 VIIB**
- 25 Mn 锰 $[Ar]4s^2 3d^5$
- 43 Tc 锝 $[Kr]5s^2 4d^5$
- 75 Re 铼 $[Xe]6s^2 4f^{14} 5d^5$
- 107 Bh 𬭛 $[Rn]7s^2 5f^{14} 6d^5$

**第8族 VIIIB**
- 26 Fe 铁 $[Ar]4s^2 3d^6$
- 44 Ru 钌 $[Kr]5s^1 4d^7$
- 76 Os 锇 $[Xe]6s^2 4f^{14} 5d^6$
- 108 Hs 𬭶 $[Rn]7s^2 5f^{14} 6d^6$

**第9族 VIIIB**
- 27 Co 钴 $[Ar]4s^2 3d^7$
- 45 Rh 铑 $[Kr]5s^1 4d^8$
- 77 Ir 铱 $[Xe]6s^2 4f^{14} 5d^7$
- 109 Mt 䥑 $[Rn]7s^2 6d^7$

**第10族 VIIIB**
- 28 Ni 镍 $[Ar]4s^2 3d^8$
- 46 Pd 钯 $[Kr]4d^{10}$
- 78 Pt 铂 $[Xe]6s^1 5d^9$
- 110 Ds 𫟼 $[Rn]7s^1 6d^9$

**第11族 IB**
- 29 Cu 铜 $[Ar]4s^1 3d^{10}$
- 47 Ag 银 $[Kr]5s^1 4d^{10}$
- 79 Au 金 $[Xe]6s^1 5d^{10}$
- 111 Rg 𬬭 $[Rn]7s^1 6d^{10}$

**第12族 IIB**
- 30 Zn 锌 $[Ar]4s^2 3d^{10}$
- 48 Cd 镉 $[Kr]5s^2 4d^{10}$
- 80 Hg 汞 $[Xe]6s^2 5d^{10}$
- 112 Cn 鿔 $[Rn]7s^2 6d^{10}$

**第13族 IIIA（$ns^2 np^1$）**
- 5 B 硼 $[He]2s^2 2p^1$
- 13 Al 铝 $[Ne]3s^2 3p^1$
- 31 Ga 镓 $[Ar]4s^2 4p^1$
- 49 In 铟 $[Kr]5s^2 5p^1$
- 81 Tl 铊 $[Xe]6s^2 6p^1$
- 113 Uut 鿭

**第14族 IVA（$ns^2 np^2$）**
- 6 C 碳 $[He]2s^2 2p^2$
- 14 Si 硅 $[Ne]3s^2 3p^2$
- 32 Ge 锗 $[Ar]4s^2 4p^2$
- 50 Sn 锡 $[Kr]5s^2 5p^2$
- 82 Pb 铅 $[Xe]6s^2 6p^2$
- 114 Fl

**第15族 VA（$ns^2 np^3$）**
- 7 N 氮 $[He]2s^2 2p^3$
- 15 P 磷 $[Ne]3s^2 3p^3$
- 33 As 砷 $[Ar]4s^2 4p^3$
- 51 Sb 锑 $[Kr]5s^2 5p^3$
- 83 Bi 铋 $[Xe]6s^2 6p^3$
- 115 Uup

**第16族 VIA（$ns^2 np^4$）**
- 8 O 氧 $[He]2s^2 2p^4$
- 16 S 硫 $[Ne]3s^2 3p^4$
- 34 Se 硒 $[Ar]4s^2 4p^4$
- 52 Te 碲 $[Kr]5s^2 5p^4$
- 84 Po 钋 $[Xe]6s^2 6p^4$
- 116 Lv 鿲

**第17族 VIIA（$ns^2 np^5$）**
- 9 F 氟 $[He]2s^2 2p^5$
- 17 Cl 氯 $[Ne]3s^2 3p^5$
- 35 Br 溴 $[Ar]4s^2 4p^5$
- 53 I 碘 $[Kr]5s^2 5p^5$
- 85 At 砹 $[Xe]6s^2 6p^5$
- 117 Uus

**第18族 VIIIA（$ns^2 np^6$）**
- 2 He 氦 $1s^2$
- 10 Ne 氖 $[He]2s^2 2p^6$
- 18 Ar 氩 $[Ne]3s^2 3p^6$
- 36 Kr 氪 $[Ar]4s^2 4p^6$
- 54 Xe 氙 $[Kr]5s^2 5p^6$
- 86 Rn 氡 $[Xe]6s^2 6p^6$
- 118 Uuo

**☆ 镧系元素**
- 57 La 镧 $[Xe]6s^2 5d^1$
- 58 Ce 铈 $[Xe]6s^2 4f^1 5d^1$
- 59 Pr 镨 $[Xe]6s^2 4f^3 5d^0$
- 60 Nd 钕 $[Xe]6s^2 4f^4 5d^0$
- 61 Pm 钷 $[Xe]6s^2 4f^5 5d^0$
- 62 Sm 钐 $[Xe]6s^2 4f^6 5d^0$
- 63 Eu 铕 $[Xe]6s^2 4f^7 5d^0$
- 64 Gd 钆 $[Xe]6s^2 4f^7 5d^1$
- 65 Tb 铽 $[Xe]6s^2 4f^9 5d^0$
- 66 Dy 镝 $[Xe]6s^2 4f^{10} 5d^0$
- 67 Ho 钬 $[Xe]6s^2 4f^{11} 5d^0$
- 68 Er 铒 $[Xe]6s^2 4f^{12} 5d^0$
- 69 Tm 铥 $[Xe]6s^2 4f^{13} 5d^0$
- 70 Yb 镱 $[Xe]6s^2 4f^{14} 5d^0$

**★ 锕系元素**
- 89 Ac 锕 $[Rn]7s^2 6d^1$
- 90 Th 钍 $[Rn]7s^2 6d^2$
- 91 Pa 镤 $[Rn]7s^2 5f^2 6d^1$
- 92 U 铀 $[Rn]7s^2 5f^3 6d^1$
- 93 Np 镎 $[Rn]7s^2 5f^4 6d^1$
- 94 Pu 钚 $[Rn]7s^2 5f^6 6d^0$
- 95 Am 镅 $[Rn]7s^2 5f^7 6d^0$
- 96 Cm 锔 $[Rn]7s^2 5f^7 6d^1$
- 97 Bk 锫 $[Rn]7s^2 5f^9 6d^0$
- 98 Cf 锎 $[Rn]7s^2 5f^{10} 6d^0$
- 99 Es 锿 $[Rn]7s^2 5f^{11} 6d^0$
- 100 Fm 镄 $[Rn]7s^2 5f^{12} 6d^0$
- 101 Md 钔 $[Rn]7s^2 5f^{13} 6d^0$
- 102 No 锘 $[Rn]7s^2 5f^{14} 6d^0$

# 附录三　原子质量表

| 元素 | 符号 | 原子序数 | 原子质量 | 元素 | 符号 | 原子序数 | 原子质量 |
|---|---|---|---|---|---|---|---|
| 锕 | Ac | 89 | (227) | 镝 | Dy | 66 | 162.5 |
| 铝 | Al | 13 | 26.9815 | 锿 | Es | 99 | (252) |
| 镅 | Am | 95 | 243 | 铒 | Er | 68 | 167.26 |
| 锑 | Sb | 51 | 121.76 | 铕 | Eu | 63 | 151.966 |
| 氩 | Ar | 18 | 39.948 | 镄 | Fm | 100 | (257) |
| 砷 | As | 33 | 74.9216 | 氟 | F | 9 | 18.9984 |
| 砹 | At | 85 | (210) | 钫 | Fr | 87 | (223) |
| 钡 | Ba | 56 | 137.328 | 钆 | Gd | 64 | 157.25 |
| 锫 | Bk | 97 | (247) | 镓 | Ga | 31 | 69.723 |
| 铍 | Be | 4 | 9.0122 | 锗 | Ge | 32 | 72.61 |
| 铋 | Bi | 83 | 208.9804 | 金 | Au | 79 | 196.9655 |
| 𬭛 | Bh | 107 | (262) | 铪 | Hf | 72 | 178.49 |
| 硼 | B | 5 | 10.81 | 𬭳 | Hs | 108 | (263) |
| 溴 | Br | 35 | 79.904 | 氦 | He | 2 | 4.0026 |
| 镉 | Cd | 48 | 112.412 | 钬 | Ho | 67 | 164.9303 |
| 钙 | Ca | 20 | 40.078 | 氢 | H | 1 | 1.00794 |
| 锎 | Cf | 98 | (251) | 铟 | In | 49 | 114.818 |
| 碳 | C | 6 | 12.011 | 碘 | I | 53 | 126.9045 |
| 铈 | Ce | 58 | 140.115 | 铱 | Ir | 77 | 192.217 |
| 铯 | Cs | 55 | 132.9054 | 铁 | Fe | 26 | 55.845 |
| 氯 | Cl | 17 | 35.4528 | 氪 | Kr | 36 | 83.798 |
| 铬 | Cr | 24 | 51.9962 | 镧 | La | 57 | 138.9055 |
| 钴 | Co | 27 | 58.9332 | 铹 | Lr | 103 | (260) |
| 铜 | Cu | 29 | 63.546 | 铅 | Pb | 82 | 207.2 |
| 锔 | Cm | 96 | (247) | 锂 | Li | 3 | 6.941 |
| 𫟼 | Ds | 110 | (271) | 镥 | Lu | 71 | 174.967 |
| 𬣞 | Db | 105 | (262) | 镁 | Mg | 12 | 24.3051 |

| 元素 | 符号 | 原子序数 | 原子质量 | 元素 | 符号 | 原子序数 | 原子质量 |
|------|------|----------|----------|------|------|----------|----------|
| 锰 | Mn | 25 | 54.938 | 钌 | Ru | 44 | 101.07 |
| 鿏 | Mt | 109 | (268) | 鑪 | Rf | 104 | (261) |
| 钔 | Md | 101 | (258) | 钐 | Sm | 62 | 150.36 |
| 汞 | Hg | 80 | 200.59 | 钪 | Sc | 21 | 44.9559 |
| 钼 | Mo | 42 | 95.94 | 𬭳 | Sg | 106 | (266) |
| 钕 | Nd | 60 | 144.24 | 硒 | Se | 34 | 78.96 |
| 氖 | Ne | 10 | 20.1798 | 硅 | Si | 14 | 28.0855 |
| 镎 | Np | 93 | (237) | 银 | Ag | 47 | 107.8682 |
| 镍 | Ni | 28 | 58.6934 | 钠 | Na | 11 | 22.9898 |
| 铌 | Nb | 41 | 92.9064 | 锶 | Sr | 38 | 87.62 |
| 氮 | N | 7 | 14.0067 | 硫 | S | 16 | 32.067 |
| 锘 | No | 102 | (259) | 钽 | Ta | 73 | 180.948 |
| 锇 | Os | 76 | 190.23 | 锝 | Tc | 43 | (98) |
| 氧 | O | 8 | 15.9994 | 碲 | Te | 52 | 127.6 |
| 钯 | Pd | 46 | 106.42 | 铽 | Tb | 65 | 158.9253 |
| 磷 | P | 15 | 30.9738 | 铊 | Tl | 81 | 204.3833 |
| 铂 | Pt | 78 | 195.08 | 钍 | Th | 90 | 232.0381 |
| 钚 | Pu | 94 | (244) | 铥 | Tm | 69 | 168.9342 |
| 钋 | Po | 84 | (209) | 锡 | Sn | 50 | 118.711 |
| 钾 | K | 19 | 39.0938 | 钛 | Ti | 22 | 47.867 |
| 镨 | Pr | 59 | 140.908 | 钨 | W | 74 | 183.84 |
| 钷 | Pm | 61 | (145) | 鿔 | Cn | 112 | (277) |
| 镤 | Pa | 91 | 231.036 | 铀 | U | 92 | 238.0289 |
| 镭 | Ra | 88 | (226) | 钒 | V | 23 | 50.9415 |
| 氡 | Rn | 86 | (222) | 氙 | Xe | 54 | 131.29 |
| 铼 | Re | 75 | 186.207 | 镱 | Yb | 70 | 173.04 |
| 铑 | Rh | 45 | 102.9055 | 钇 | Y | 39 | 88.906 |
| 𬬻 | Rg | 111 | (272) | 锌 | Zn | 30 | 65.409 |
| 铷 | Rb | 37 | 85.4678 | 锆 | Zr | 40 | 91.224 |

# 附录四　术语定义

**绝对温度**　可达到的最低温度是绝对零度。绝对温标从绝对零度开始，按1摄氏度递增。测量单位是开尔文（K）。

**活化能**　启动化学反应时所需的最小能量。

**碱金属**　元素周期表第一主族中活性很强的金属。

**碱土金属**　元素周期表第二主族中的元素。

**α 粒子**　由两个质子和两个中子组成的氦原子核，在放射性衰变中释放出来。

**角动量**　旋转运动强度的量度。

**角动量量子数**　该量子数与原子中电子的角动量有关，决定了轨道的形状。

**阳极**　在电解系统中带正电的电极。

**芳香化合物**　由苯衍生出的化合物。

**原子**　显示某种元素所有性质的最小单位。

**构造原理**　该原理表明，当电子被加入元素周期表的连续元素时，能量最低的轨道最先被填满。

**碱**　质子受体。

**β 粒子**　放射性衰变时释放出的高能电子。

**结合能**　原子核内一个力的量度，该力可以把原子核结合在一起。有时用来描述原子中束缚电子的力。

**黑体**　理想化状态下能吸收所有辐射的物体。

**布朗运动**　悬浮在流体中的微观粒子做无规则运动。

**阴极**　电解系统中带负电荷的电极。

**阴极射线管**　一种用两个电极来产生阴极射线的真空管。

**阴极射线**　阴极射线真空管发射出的阴极电子流。

**阳离子**　自然移动到阴极，带正电的离子。

**化学平衡**　在可逆反应中，正反应与逆反应以同样的速率进行时达到的状态。

**化学反应**　产生化学变化的过程。

**化合物**　由两个或两个以上原子通过化学键连接形成的物质。

**共价键**　通过共用两个或多个价电子在原子间形成的键。

**电容率**　也叫介电常数。某种物质的介电常数是测量真空中两个相反电荷之间的吸引力与该物质中力的比值。水的介电常数较高，因此是离子化合物的良好溶剂。

**衍射光栅**　最常见的光栅是由反光或透明的薄片制成的，这些薄片上标有平行的等间距凹槽或窄缝。光栅可以分离多色电磁波的组成成分。棱镜也可以达到类似的效果，但其机理却大不相同。夫琅和费在他的实验中使用的是极细的平行线。

**双键**　两个原子共用四个电子时形成的共价键。

**电偶极子**　具有两个异号点电荷的分子。

**电解**　通过在两个电极之间传导电流引起化学变化的过程。带正电荷的阳离子移动到阴极；带负电荷的阴离子移动到阳极。

**电磁辐射**　在真空中以 $3.0 \times 10^8$ 米/秒的速度传播的无质量能量波。

**电子**　在原子核外发现的带负电荷的粒子。自由电子被称为 $\beta$ 粒子。

**电子离域**　分子中与任何特定的键或原子无关的电子。

**电负性**　原子对化学键中电子的吸引力的量度。

**元素**　不能通过化学方法分解成更简单物质的物质。

**吸热反应**　从周围环境吸收热量的化学反应。

**焓**　物质或化学系统的热含量的量度。

**熵**　无序性的量度。在不外加能量的情况下，系统的熵趋于增大，无序性从低向高变化。

**放热反应**　放出热量的化学反应。

**$\gamma$ 射线**　高能电磁辐射，由放射性元素衰变产生的最具穿透力的辐射形式。

**吉布斯自由能**　测量系统做功的量度。吉布斯自由能的变化可以用来预测反应是否会自发进行。最有用的吉布斯自由能变化公式是 $\Delta G = \Delta H - T\Delta S$，$G$ 是吉布斯自由能，$H$

是焓，$T$是温度，$S$是熵。

**基态**　系统的最低稳定能态，常用于描述原子和分子。

**半衰期**　放射性物质的半数发生放射性衰变所需要的时间。

**卤素**　组成元素周期表第17主族的氟、氯、溴、碘和砹元素。

**生成热**　也称"生成焓"，由单质生成1摩尔化合物的过程中吸收或放出的热量。

**洪特定则**　总自旋量子数高的原子比自旋量子数低的原子更稳定。当电子被添加到连续的元素中形成元素周期表时，在配对之前自旋相同的电子将填满不同的轨道。

**杂化轨道**　原子轨道组合形成一个新的轨道。

**氢键**　氢和邻近高负电性的原子以极性共价键结合的一种分子之间的弱键。

**亲水性**　容易吸收水。

**整数**　正整数或负整数。

**干涉图样**　两个或多个波相互作用时产生的图样。

**离子**　由于得到或失去一个或多个电子而携带电荷的粒子。

**离子键**　由于离子间的相反电荷所形成的键。

**电离能**　从气态原子或气态离子中失去一个电子所需的能量。

**同位素** 质子数和电子数相同但原子核中的中子数不同的原子。元素的同位素化学性质相同，但质量不同。

**焦耳** 功的国际单位。缩写为J，等于0.2388卡路里。

**动能** 运动的能量。经典的物体动能公式是$mv^2/2$，其中$m$是物体的质量，$v$是物体的速度。

**磁量子数** 薛定谔波动方程的一个解。它规定了$s$、$p$、$d$和$f$轨道在空间中的方向。

**质量** 物质的量的量度。在地球上，重量用来表示物体的质量。

**物质** 任何质量大于零的物体。

**金属键** 离域电子中由带正电的原子晶格构成的金属晶体中的键。

**混溶** 用来描述两种物质相互混合的程度。水和乙醇这种完全可混溶的物质，不论比例大小，都能均匀混合。

**摩尔溶液** 在1升溶液中含有1摩尔溶质的溶液。

**摩尔** 微粒数目的量度单位。一摩尔含有$6.02 \times 10^{23}$个粒子。

**分子式** 用于表示分子中原子的数目和种类，如$H_2O$。

**分子轨道** 分子中电子的轨道。分子轨道是通过结合分子中原子的最高能量轨道的波函数计算的。

**分子** 分子是由化学键连接原子构成的物质，是保留某种物质所有性质的最小粒子。

**动量**    动量是物体运动中的力。从定量角度看，它是物体的质量乘以速度的乘积，即 $p = mv$。

**单色光**    可见范围内单一波长的电磁辐射。

**中子**    在原子核中发现的亚原子粒子。它呈电中性，质量略大于质子。

**核子**    质子或中子。

**轨道**    细分的能量外层，在这里极有可能找到电子。一个轨道最多可以包含两个电子。

**有机分子**    含有一个或多个碳原子的分子。

**泡利不相容原理**    原子中的两个电子不可能拥有一组相同的量子数。

**元素周期表**    按原子序数从小到大排列元素的表，同一列的元素族群具有相似的价电子构型和化学性质。

**磷光性**    物质发光并在撤除光源后持续发光的能力。

**光电效应**    电磁辐射把电子从金属中撞出时产生的效应。爱因斯坦用这种现象证明了光是量子化的，并以光子的形式存在。

**光子**    有能量但没有静止质量的粒子，代表着电磁辐射的量子。

**极性共价键**    具有不同电负性的原子之间的键，由于电子离某个原子较近，分子中的一个原子带有正电荷，另一个原子带有负电荷。

**正电子**　电子的反粒子，这种粒子和电子质量相同，但带有和电子的负电荷大小相同的正电荷。

**正电子发射断层扫描（PET）**　一种帮助医生定位人体内肿瘤和其他生长物的医学成像技术。一个被纳入代谢活性分子中的正电子，该正电子由放射性示踪同位素发射。一个可以定位放射性物质在人体组织中的最终位置的扫描仪。

**主量子数**　这个量子数说明了原子的主能层数，大致相当于原子核和轨道之间的距离，符号是$n$。

**质子**　在原子核中发现的带正电荷的亚原子粒子。

**量子**　改变某些性质（如原子中电子的能量）所需要的最低能量。

**量子数**　四种量子数包括主量子数、角动量、磁量子数和自旋量子数。它们产生于波动方程的解，支配着原子的电子构型。

**放射性衰变**　元素放出射线产生一种新元素的过程。

**放射性元素**　能够放射出 α 、β 或 γ 射线的元素。

**共振**　具有两个或两个以上有效结构的分子称为共振分子。共振分子实际的结构不是这两种结构，而是一个具有离域价电子的低能分子。苯的双键和单键就是共振结构的一个例子，苯实际上没有单键或双键，它的实际结构介于这两种可能性之间。

**可逆反应**　可以正向或逆向进行的反应。它的最终状态是反应物和反应产物之间的平衡。

**舐食岩盐**　鹿、水牛和其他动物舐食地面上的盐沉积，以补充他们需要的盐分。

**科学记数法**　用10的指数来表示数字的方法，如 $10^2=100$，$10^3=1\,000$，$6\,020=6.02\times10^3$。

**闪烁**　处于激发态的电子迁跃到较低能级时发出的闪光。闪烁计数器可用于测量放射性物质的辐射强度。

**光谱学**　分析原子和分子光谱的学科。发射光谱学研究原子或分子的激发状态、测量发射电磁辐射的波长。吸收光谱学测量吸收辐射的波长。

**自发反应**　吉布斯自由能为负的反应。这样的反应在启动后可以自发进行，不需要外加能量。

**强作用力**　把原子核结合在一起的力，只能在短距离内产生作用。

**结构式**　表达分子中原子排列的式子，如H–O–H。

**表面张力**　把液体表面的分子往下拉的分子之间的引力。这使表面尽可能小，并使某些物质好像有一层表面薄膜，比如水。

**TNT**　三硝基甲苯的缩写。这是一种比硝化甘油稳定得多的化合物，但在引爆时仍能产生强大的爆炸力。

**过渡元素**　元素周期表中3族到12族的元素。这些元素的 $d$ 轨道部分被填满，但是价电子的数目不同，因此具有截然不同的化学性质。

**衰变** 一种元素因为自然的放射性而衰变或被辐射照射转变成另一种元素。

**三键** 两个原子共用六个电子时形成的共价键。

**不确定原理** 由维尔纳·海森堡提出的原理，即不可能无限精确地知道一个粒子的动量和位置。

**价电子** 原子中能量最高的电子，原子在形成化学键过程中失去、得到或共享的电子。

**价层电子对互斥理论（VSEPR）** 一种基于分子中电子排斥力预测近似键角的方法。

**X射线** 通常是由高能电子击中固体目标产生的高能电磁辐射。

# 关于作者

菲利普·曼宁（Phillip Manning）除了编著本书之外，还出版和发表了4本书和150多篇文章。他撰写的《希望之岛》（*Islands of Hope*）荣获了1999年度美国国家户外图书奖（自然和环境类别）。曼宁是北卡罗来纳大学教堂山分校物理化学博士。他的网站（www.scibooks.org）每周更新科学新书书单和科学书籍书评。

曼宁在写作本书的过程中得到了理查德·C.贾纳金（Richard C. Jarnagin）博士的帮助，贾纳金博士在北卡罗来纳大学教授化学多年。他指导了许多研究生，包括本书的作者。在协助撰写这本书时，贾纳金博士给予了热心的指导。